"十四五"普通高等教育本科部委级规划教材

U0259138

智能产品
设计与实务

ZHINENG CHANPIN
SHEJI YU SHIWU

吴　群　沈丹妮　李源枫　编著

中国纺织出版社有限公司

内 容 提 要

在当今快速发展的科技时代，Arduino 作为一种易于学习且功能强大的开源电子原型平台，已成为产品设计领域的重要工具。它不仅为设计师提供了无限创造的可能性，也成为教授电子和编程基础的首选工具。随着中国产品设计教育的不断进步，将 Arduino 融入课程已成为培养创新型设计人才的关键。

本书旨在引导产品设计专业学生对 Arduino 深入理解并实践。全书内容通过项目实例，引导读者逐步构建起对于智能设计语言的理解和应用。本书共九章，前两章为基础教程，后面七章为项目示例，配有详细的教程和实际案例分析，旨在帮助学生将理论知识转化为实际操作技能，并强调创新设计思维的培养，鼓励学生在项目实践中探索和创造。通过本书的学习，读者能够掌握将 Arduino 应用于创新产品设计的核心技能，为未来的设计工作和研究奠定坚实的基础。

无论是初学者还是有一定基础的学生都能从本书中受益。同时，对于对 Arduino 和产品设计感兴趣的师生、设计师以及爱好者，本书也将是一本宝贵的参考资料。

图书在版编目（CIP）数据

智能产品设计与实务 / 吴群，沈丹妮，李源枫编著
. -- 北京：中国纺织出版社有限公司，2024.10
"十四五"普通高等教育本科部委级规划教材
ISBN 978-7-5229-1820-4

Ⅰ. ①智… Ⅱ. ①吴… ②沈… ③李… Ⅲ. ①智能技术－应用－产品设计－高等学校－教材 Ⅳ. ① TB472

中国国家版本馆 CIP 数据核字（2024）第 111961 号

责任编辑：华长印　王安琪　　责任校对：高　涵
责任印制：王艳丽

中国纺织出版社有限公司出版发行
地址：北京市朝阳区百子湾东里 A407 号楼　邮政编码：100124
销售电话：010—67004422　传真：010—87155801
http://www.c-textilep.com
中国纺织出版社天猫旗舰店
官方微博 http://weibo.com/2119887771
天津千鹤文化传播有限公司印刷　各地新华书店经销
2024 年 10 月第 1 版第 1 次印刷
开本：787×1092　1/16　印张：9.5
字数：160 千字　定价：69.80 元

前言

　　目前，我国正迈向新的发展阶段。党的二十大明确强调了创新驱动发展的战略重要性，并提出了加速科技自立自强的宏伟目标。这不仅标志着国家发展战略的重大转型，也意味着教育体系和人才培养模式面临着前所未有的挑战。在这个关键的历史节点上，智能硬件和物联网技术的兴起，正在成为推动社会进步和技术革新的关键力量。

　　随着"工业 4.0"和"中国制造 2025"的推进，我们正见证一个以智能化、网络化、柔性化、绿色化和服务化为特征的新工业革命时代的到来。这场变革不仅仅局限于技术层面，它还预示着生产方式、组织模式乃至整个社会结构的根本性转变。个性化、定制化和智能化的硬件设备成为这一变革的重要趋势。在未来，人类、数据和机器的紧密结合将推动工业深度信息化，为构建一个智能化的社会提供坚实的技术支撑。

　　正是在这样一个充满挑战与机遇的时代背景下，我们编撰了这本关于 Arduino 的教材。本书的目标是培养能够适应"工业 4.0"及中国新发展阶段需求的创新型人才。通过深入探讨 Arduino 开源硬件及智能硬件的发展趋势，并采用鼓励创新的工程教育方法，以培养学生的创新精神。本书全面介绍了 Arduino 程序的基础知识，并展示了如何利用 Arduino 平台进行创新产品开发，涵盖了设计、实现与产品应用的全过程。从设计专业的角度出发，每个章节都围绕一个完整的案例展开，主要内容包括 Arduino 设计基础、智能控制、应急救援、人机交互等多个领域的项目开发案例。我们希望通过分享实际教学中的创新经验和案例，抛砖引玉，为教育界和工业界带来启发。

　　本书编写工作由多位作者合作完成，其中吴群承担了全书的整体架构以及第一章的撰写，杨丹丹承担了第二章案例实现及内容撰写，沈丹妮承担了第三章案例实现及内容撰写，蓝镓铭承担了第四章案例实现及内容撰写，李源枫承担了第五章案例实现及内容撰写，黄澜承担第六章及第七章案例实现及内容撰写，李嘉琪承担了第八章案例实现及内容撰写，谢佳瑜承担了第九章案例实现及内容撰写，吴群、沈丹妮和李源枫共同负责全书的软硬件调试及内容审核工作。

编著者

2024.4

目录

理论篇

案例篇

理论篇

第 1 章

Arduino
硬件基础

1

1.1　开源硬件介绍

开源硬件指与自由及开放原始码软件相同方式设计的计算机和电子硬件。开源硬件开始考虑对软件以外的领域开源，是开源文化的一部分。其中，Arduino的诞生可谓开源硬件发展史上的一个新的里程碑。

开源硬件协会OSHWA（Open Source Hardware Association）这样定义：开源硬件是可以通过公开渠道获得的硬件设计，任何人可以对已有的设计进行学习、修改、发布、制作和销售。硬件设计的源代码的特定的格式可以为其他人获得，以方便对其进行修改。理想情况下，开源硬件使用随处可得的电子元件和材料、标准的过程、开放的基础架构、无限制的内容和开源的设计工具，以最大化个人利用硬件的便利性。开源硬件不仅让人们能够掌控技术自由，还促进了知识共享，并鼓励硬件设计的开放交流和贸易。

实际上，最早的时候硬件都是开源的。包括打印机、计算机，他们的整个设计原理图是公开的。在20世纪六七十年代，很多公司在思考"为什么要开放自己的资源"。于是，在那一时期很多公司都选择闭源。再加上很多的贸易壁垒、技术壁垒、专利版权等，就出现了不同公司之间的互相起诉，这种做法在一定程度上有利于创新，但是会阻碍小公司创新者或者个体创新的发展。

在这个曾经"开源过"的前提下，很多人就在思考硬件是不是可以重新走上开源这条道路。之后一小批爱好者，也就是创客，致力于开源的研究，开源得以从很小的东西发展到现在有开源的3D打印机和拖拉机等农场机器的存在。

目前全球最为人们熟知的开源硬件——Arduino，由一个欧洲开发团队在2005年冬天开发。其成员包括马西莫·班兹（Massimo Banzi）、大卫·奎提耶斯（David Cuartielles）、汤姆·伊戈（Tom Igoe）、吉安卢卡·马蒂诺（Gianluca Martino）、大卫·梅利斯（David Mellis）和尼古拉斯·赞贝蒂（Nicholas Zambetti）。通过一个概念可以更容易理解开源硬件，那就是"开源软件"，它产生在开源硬件之前，安卓就是开源软件之一。开源硬件和开源软件类似，就是在之前硬件的基础之上进行二次创意。在复制成本上，开源软件的成本也许是零，但是开源硬件不一样，其复制成本较高。

开源硬件延伸着开源软件代码的定义，包括软件、电路原理图、材料清单、设计图等都使用开源许可协议，自由使用、分享，完全以开源的方式去授权。以往的DIY在分享的时候没有清楚的授权，开源硬件把软件惯用的GPL、CC等协议规范带到硬件分享领域。开源硬件可任意裁剪、任意选择的特点，为开发众多个性化嵌入式产品提供了低成本、低门槛、灵活、便捷的手段。

1.2　Arduino 开源硬件

本节主要介绍 Arduino 开源硬件的功能与特性，以及 Arduino 开发板和拓展板的使用方法，以便更好地应用 Arduino 平台进行开发。

1.2.1　Arduino 开发板

Arduino 是一个嵌入式计算机开发平台，该平台包括一块具备简单 I/O 功能的电路板以及一套程序开发环境软件，并且具有使用类似 Java、C 语言的 Processing/Wiring 开发环境。Arduino 主要包含两个主要的部分：硬件部分是可以用来做电路连接的 Arduino 电路板；软件则是 Arduino IDE，你的计算机中的程序开发环境。Arduino 可以通过硬件和软件与周围环境进行互动，并且 Arduino 与 Adobe Flash、Processing、Max/MSP、Pure Data、Unity3D 等软件结合，能够创作出许多令人惊艳的互动作品。

Arduino 开发板有各种各样的型号，如 Arduino UNO、Arduino Leonardo、Arduino101、Arduino Mega 2560、Arduino Nano、Arduino Micro、Arduino Ethernet、Arduino Yún、Arduino LilyPad、Arduino Due 等，下面将介绍几种最为常用的 Arduino 开发板。

Arduino UNO 板是 Arduino 第一个 USB 接口的开发板，它是基于 ATmega328P 的微控制器板。如图 1-1 所示，它具有 14 个数字输入/输出引脚（其中 6 个可用作 PWM 输出）、6 个模拟输入、一个 16 MHz 陶瓷谐振器（CSTCE16M0V53-R0）、一个 USB 连接、一个电源插孔、一个 ICSP 接头和一个复位按钮。除了物理复位键，Arduino UNO 板的设计还支持软件复位，允许通过连接计算机上运行的软件进行重置。

Arduino Mega 2560 是基于 ATmega2560 的微控制器板。如图 1-2 所示，它具有 54 个数字输入/输出引脚（其中 15 个可用作 PWM 输出）、16 个模拟输入、4 个 UART（硬件串行端口）、一个 16MHz 晶体振荡器、一个 USB 连接、一个电源插孔、一个 ICSP 接头和一个复位按钮。它包含支持微控制器所需的一切；只需使用 USB 电缆将其连接到计算机，或使用电源适配器或电池为其供电即可开始使用。

图 1-1　Arduino UNO

图 1-2　Arduino Mega 2560

Arduino Due是一款基于Atmel SAM3X8E ARM Cortex-M3 CPU的微控制器板。它是第一款基于32位ARM内核微控制器的Arduino板。如图1-3所示,它具有54个数字输入/输出引脚(其中12个可用作PWM输出)、12个模拟输入、4个UART(硬件串行端口)、一个84 MHz时钟、一个支持USB OTG的连接、2个DAC(数字到模拟)、2个TWI、一个电源插孔、一个SPI接头、一个JTAG接头、一个复位按钮和一个擦除按钮。

如图1-4所示,Arduino Nano是基于ATmega328p的小型开发板,可以直接插在面包板上使用。它与Arduino Duemilanove功能接近,但封装不同,它缺少直流电源插孔,并且采用的是Mini-B USB电缆。Nano上的14个数字引脚中的每一个都可以使用pinMode( )、digitalWrite( )和digitalRead( )函数用作输入或输出。它们的工作电压为5V。每个引脚可以提供或接收最大40 mA电流,并具有一个20~50 kΩ的内部上拉电阻(默认断开)。Nano有8个模拟输入,每个输入提供10位分辨率(即1024个不同的值)。默认情况下,它们的测量电压从地面到5V,但可以使用analogReference( )函数更改其范围的上限。模拟引脚6和7不能用作数字引脚。

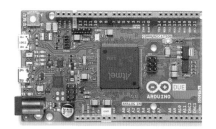

图1-3　Arduino Due

图1-4　Arduino Nano

如图1-5所示,Arduino Leonardo是基于ATmega32U4的微控制器板。它具有20个数字输入/输出引脚(其中7个可用作PWM输出,12个用作模拟输入)、一个16 MHz晶体振荡器、一个微型USB连接、一个电源插孔、一个ICSP接头和一个复位按钮。它包含支持微控制器所需的一切功能;只需使用USB电缆将其连接到计算机,或使用电源适配器、电池为其供电即可开始使用。

Leonardo与之前的所有主板的不同之处在于ATmega32U4具有内置USB通信,无须辅助处理器。除了虚拟(CDC)串行/COM端口外,这还允许Leonardo在连接的计算机中显示为鼠标和键盘,这也会对电路板性能产生影响。

Leonardo上的20个数字I/O引脚中的每一个都可以使用pinMode( )、digitalWrite( )和digitalRead( )函数用作输入或输出。它们的工作电压为5V。每个引脚可以提供或接收最大40 mA电流,并具有一个20~50 kΩ的内部上拉电阻(默认断开)。

如图1-6所示,Arduino Micro是基于ATmega32U4的微控制器板,与Adafruit联合开发。它具有20个数字输入/输出引脚(其中7个可用作PWM输出,12个用作模拟输入）、一个 16 MHz 晶体振荡器、一个微型 USB 连接、一个 ICSP 接头和一个复位按钮。它包含支持微控制器所需的一切功能；只需使用微型 USB 电缆将其连接到计算机即可开始使用。它的外形尺寸使其能够轻松放置在面包板上。

Micro 板类似于 Arduino Leonardo，因为 ATmega32U4 具有内置 USB 通信，无须辅助处理器。这允许 Micro 在连接的计算机中显示为鼠标和键盘，以及虚拟（CDC）串行 / COM 端口。

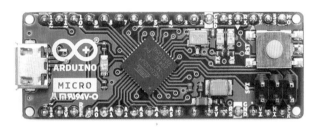

图 1-5　Arduino Leonardo　　　　　　　　　图 1-6　Arduino Micro

1.2.2　Arduino 拓展板

Arduino 硬件中除了主开发板以外，还开发了配合主板功能的拓展板。Arduino 扩展板通常具有和 Arduino 开发板一样的引脚位置，可以堆叠接插到 Arduino 上，进而实现特定功能的扩展。在面包板上接插元件固然方便，但需要有一定的电子知识来搭建各种电路。而使用扩展板可以一定程度地简化电路搭建过程，更快速地搭建出自己的项目。常见的 Arduino 拓展板有 ProtoShield、Arduino MKR GPS Shield、Arduino MKR RGB Shield、Arduino Motor Shield、Arduino 9 Axis Motion Shield 等。

如图 1-7 所示，ProtoShield 使您可以轻松设计自定义电路。您可以轻松地在原型区域焊接 TH 或 SMD IC，以使用 Arduino 板对其进行测试。SMD 区域设计用于最多 24 引脚 SOIC 集成电路，TH 区域包含大量空间，用于项目周围所需的组件。您甚至可以在原型区域粘贴一个迷你面包板（不包括在内），以实现无焊操作。原型区域还包括两条电源线（IOREF 和 GND）、两个 LED 焊盘和 SPI 信号分线焊盘，用于仅在 ICSP 接头（如零）上具有 SPI 的电路板。

如图 1-8 所示，Arduino MKR GPS Shield 基于 u-blox SAM-M8Q GNSS（全球导航卫星系统）模块。它旨在以 MKR 格式在板顶部使用，但由于其 Eslov 连接器，也可以使用电缆将其连接到具有这种连接器的任何板上。

该模块设计用于同时使用不同的定位服务。它接收和处理来自 GPS、GLONASS 和 Galileo 的信号。它与 Arduino 板连接，通过串行接口（与针座一起使用并放在 MKR 板顶部时）或通过 I2C 接口和作为捆绑提供的专用 ESLOV 电缆。如果您正在尝试监控车

图1-7　ProtoShield

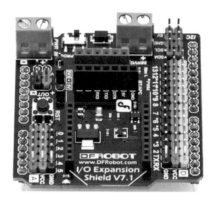

图1-8　Arduino MKR GPS Shield

队、高空科学实验或任何类型的需要设备定位的项目，MKR GPS Shield 可以提供所需的功能，而且即插即用。

如图1-9所示，Arduino Motor Shield 基于 L298驱动器，该驱动器是一种双全桥驱动器，设计用于驱动继电器、螺线管、直流和步进电机等电感负载。它允许您使用 Arduino 板驱动两个直流电机，独立控制每个电机的速度和方向。并且支持测量每个电机的电机电流吸收等功能。

如图1-10所示，Arduino 9 Axis Motion Shield 基于德国博世传感器技术有限公司的 BNO055 绝对方向传感器，该传感器集成了三轴 14 位加速度计、三轴 16 位陀螺仪，范围为每秒 ±2000°，以及带有运行 BSX3.0 FusionLib 软件的 32 位微控制器的三轴地磁传感器。该传感器在 3 个垂直轴上分别具有三维加速度、偏航角速率和磁场强度数据。

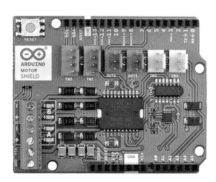

图1-9　Arduino Motor Shield

图1-10　Arduino 9 Axis Motion Shield

1.3　Fritzing 软件介绍

Fritzing 是一款免费的图形化 Arduino 电路开发软件，同时也是个电子设计自动化软件，可以用于学习和制作电路原理图和 PCB，它支持设计师、艺术家、研究人员和爱好者参加从物理原型到进一步实际的产品。Fritzing 支持用户记录其 Arduino 和其他电子为基础的原型，与他人分享，并建立一家生产印刷电路板的布局。如图 1-11 所示，Fritzing 的主界面包括了左侧的项目视图，其中包含欢迎视图、面包板图、PCB 视图、原理图、代码图，另外部分是右侧的工具栏视图，其中包含了元件库、指示栏、导航栏、撤销历史栏、层次栏等子工具栏。

图 1-11　Fritzing 主界面图

Fritzing 使用说明如下。

如图 1-12 所示，我们可以使用 Fritzing 构建一个简单电路。

将 Arduino 从"零件"元件栏拖放到"项目视图"中。

对面包板和电路的所有其他部分执行相同的操作。如果在库中找不到零件，请使用神秘零件（图标看起来像一个问题标记）。神秘零件可让您快速定义新零件及其连接器（通过检查器）。

您可以通过选择、拖放或使用位于"部件"下的菜单栏中的功能来排列部件。

要删除零件，只需选择并按删除键即可。

单击并拖动 Arduino +5V 连接器。这应该创建一个电线。将电线放在面包板的一个连接器上。连接由一个小的绿色圆圈或正方形确认。

连接所有部件，直到电路看起来与现实世界中的电路完全一样。请注意，未正确连接的连接器将涂成红色。

如果单击并按住连接器，Fritzing 将突出显示所有等电位连接器。如果您想查看附加到此特定连接的整个连接集，这非常有用。

您可以通过添加折弯点来弯曲导线。只需将它们从电线中拖出即可。

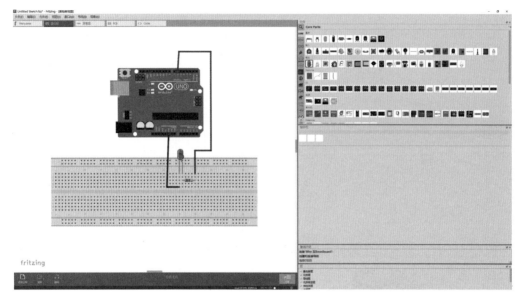

图1-12　使用Fritzing构建一个简单电路

第 2 章

Arduino
程序设计基础

2

2.1 Arduino语言及程序架构

人与人沟通使用人类语言，同样，人与机器沟通需要使用机器语言，让机器理解我们的意图就需要编写计算机程序。Arduino编程语言是基于C/C++计算机编程语言，C语言是全世界使用的最流行的编程语言之一，也是许多编程初学者学习的第一门语言，C++则在C语言的基础上增加了面向对象机制。目前Arduino核心库采用C和C++混合编程，因此它的语法是在C/C++基础上建立而来的，也就是基于C语法。

2.1.1 Arduino语言

Arduino使用类似Java、C语言的Processing/Wiring开发环境，其编程语言更为简单和人性化，实用性也远高于C语言。主要由于Arduino将一些常用语句组合函数化，所以使用者不需要去了解它的底层便可快速入门学习使用。如果你会用C语言，那么通过简单地熟悉，就可以快速上手Arduino。如果你没有计算机语言基础，多款图形化编程软件如Scratch、Mind+及Mixly等都可支持你快速写出自己的程序控制Arduino。

2.1.2 Arduino程序架构

Arduino程序结构不同于C语言程序结构。一般情况下，C语言源程序都必须有主函数main。main函数是程序执行的起点，但在Arduino中，main函数的定义隐藏在Arduino的核心库文件中。Arduino程序的基本结构由两个函数组成，setup()函数负责Arduino程序的初始化部分，loop()函数负责Arduino程序的执行部分。基本结构如下：

```
void setup()
{
    //put your setup code here, to run once:
}

void loop()
{
    //put your main code here, to run repeatedly:
}
```

Arduino程序架构主要分为三部分。

第一个是声明变量和接口名称。

第二个是setup()函数。使用它来初始化变量、引脚模式、启用库等。setup()函数只能在Arduino板的每次上电或复位后运行一次。

第三个是loop()函数。在创建了用于初始化并设置初始值的setup()函数后，紧接着Arduino会执行loop()函数中的程序。loop()函数允许你的函数连续循环的更改和响应。使用它来控制Arduino板，驱动各种模块和采集数据等。

```
int ledMark=2; //在最前面定义变量,第一颗LED对应板子的数字口2
void setup()
{
      //在这里填写你的setup()函数代码,只运行一次
}


void loop()
{
      //在这里填写你的loop()函数代码,不断重复运行
}
```

2.2　数据类型

在 Arduino 语言中所有数据类型都必须指定其数据类型。数据类型在数据结构中的定义是指一个值的集合以及定义在这个值集上的一组操作。不同数据类型使用的场合不同。Arduino中的数据分为常量和变量。

2.2.1　常量

常量是指在程序执行过程中值不变的量。在 C 语言中，常量的类型由常量本身隐含决定，不需要类型说明可以直接使用。常量可以是任何的基本数据类型，如整数常量、实型常量、字符常量、字符串常量和符号常量，如表2-1所示。

表2-1　整数常量、实型常量、字符常量、字符串常量和符号常量

类型	定义	示例
整型常量	就是通常的整数，包括正整数、负整数和0	12、0、-3
实型常量	即实数，又称浮点数	4.6、-12.3
字符常量	指用一对单引号括起来的一个字符	'A' 'a'
字符串常量	指用双引号括起来的字符序列	"CHINA" "abc"
符号常量	一个符号表示一个常量	true/false、PI

在程序中通常使用语句：

```
#define 常量名 常量值
```

定义常量：

如在定义常量PI：

```
#define PI 3.1415926//表示从此行开始所有的PI都代表3.1415926
                    //主要开头有个"#"号
                    //在定义符号变量时应考虑"见明知意"
```

2.2.2 变量

变量指在程序执行过程中值可变的量。变量必须先定义（指定其所属类型），再使用。变量要用标识符（变量名）表示，定义变量时会分配一定的内存存储单元用来放数值。定义方法是：

```
数据类型 变量名;
例如，定义整型变量的i的语句是:

int i;

赋值运算符: "="。既可以定义时赋值，也可以以后再赋值或修改，例如:

int i=10;

和

int i;

int i=10;
```

（1）变量名的命名规则

①只包含英文字母、数字或下划线 "–"。

②数字不能作为开头。

③不能与系统关键字重名。

④变量名区分大小写。

⑤不同变量不能使用同一个名字。

⑥当变量名或函数名是有一个或多个单词连结在一起，而构成的唯一识别字时，采用驼峰式，首个单词字母小写，之后单词首个字母大写，例如：int myStudentCount。

⑦变量命名时尽可能见名知意。

（2）变量的作用域

根据变量的作用域分为两类：全局变量和局部变量。

①全局变量：在一个函数中改变全局变量的值，其他函数可以共享，全局变量相应于起到函数间传递数据的作用。通常位于程序的顶部。全局变量一直存在占用内存，从定义点开始直到程序结尾。

②局部变量：在函数或代码块内部，只能由该函数或代码块 {} 中的语句使用，不能在其他函数中使用。程序进入 {} 时才开始局部变量的申请，当程序离开 {} 时其内部局部变量消灭。当全局变量与局部变量重命名时，实际访问的是局部变量，全局变量将不起作用。即"局部优先"。例如：

```
int i=10;//定义变量，全局变量i赋值10

void setup();

{

Serial.begin(9600);//设置波特率为9600

{

i=20;//局部变量i赋值20
Serial.print("i=");//输出"i="字符串
Serial.printIn(i);//输出i的值

}

Serial.print("i=");  //输出"i="字符串

Serial.printIn(i);  //输出i的值

}

实际输出结果为

i=20
i=10
```

（3）变量常用的数据类型

变量常用的数据类型有整型、浮点型、布尔型、字符型及字节型。

①整型：整型即整数类型。整数变量是 Arduino 内最常用到的数据类型。Arduino 可

使用整数类型及其取值范围如表2-2表示。

表2-2 整型与取值范围

整数类型	取值范围	示例
int/有符号基本整数	−32768~+32767	int a=0;
unsigned int/无符号基本整数	0~65535	unsigned int b=65535;
long/有符号长整数	−2147483648~2147483647	long c=2147483647;
unsigned long/无符号长整型	0~4294967295	unsigned long d=4294967295;

②浮点型：浮点型就是用来表达有小数点的数值。Arduino中有float（单精度）和double（双精度或双字节）两种浮点型。float浮点型会用掉4字节内存，double浮点型会用掉8字节内存。使用时要注意芯片内存空间的限制，谨慎使用浮点数。

对于同一个a=b/2的表达式，当给a设定整型和浮点型时，a的取值是不同的。如下：

假设int a=b/2.0,

当b=6时，a=3。

当b=5时，a=2，而不是2.5，这是因为a的数据类型是整型。

但是，当假设float a=b/2.0,

当b=6时，a=3.0。

当b=5时，a=2.5,由于a的数据类型是浮点型。

③布尔型：即boolean类型变量。布尔类型变量的值只能为真（true）或是假（flase）。最常用的布尔运算符有与运算（&&）、或运算（‖）以及非运算（！）。

④字符型：即char类型。占用一个字节的内存，存储一个字符值。字符文字用单引号写成‘A’，对于多个字符，字符串使用双引号“ABC”。字符是以数字形式存储在char类型变量中的，可以在ASCII图表中查看特定编码。这意味着可以使用ASCII值的字符进行运算。例如，‘A’+1的值为66，因为A的ASCII值为65。

⑤字节型：即byte类型。存储数值的范围为0到255，与字符一样，字节形态的变量只需要用一个字节（8）位的内存空间储存。

2.3 数组和字符串

2.3.1 数组

数组，就是相同数据类型的元素按一定顺序排列的集合，也就是把有限个类型相同的变量用一个名字命名，然后用编号区分它们的变量的集合。要引用数组中的特定位置或元素，我们需要指定数组的名称和数组中特定元素的位置编号。

数组的定义方式如下：

数据类型　数组名称 [数组元素个数]；

如定义一个有 10 个整型元素数组的语句为：

```
int a[10];
```

图 2-1 给出了一个名为 C 的整数数组，它包含 5 个元素。通过给出数组名称，后面跟特定元素的位置编号方括号（[ ]），你可以引用数组中任何一个元素，如 C[0]。位置编号更正式地称为下标或索引。下标必须是整数或整数表达式，数组的下标是从 0 开始编号的。对 C 数组进行赋值。语句为：

```
int C[11]={-45,0,6,22,76,148,1024,-89,-3,1,15};
```

和

```
int C[11];

C[0]=-45; C[1]=0; C[2]=6; C[3]=22; C[4]=76; C[5]=148; C[6]=1024; C[7]=-89;

C[8]=-3; C[9]=1; C[10]=15;
```

是等效的。

数组名称为 C

C[0]	–45
C[1]	0
C[2]	6
C[3]	22
C[4]	76
C[5]	148
C[6]	1024
C[7]	–89
C[8]	–3
C[9]	1
C[10]	15

图 2-1　C 的整数数组

仔细观察给定图中的数组 C。整个数组的名称是 C。它的 11 个元素被称为 C[0] 到 C[10]。C[0] 的值为 –45，C[1] 的值为 0，C[2] 的值为 6，C[7] 的值为 –89，C[10] 的值为 15。

要打印数组 C 的前三个元素中包含的值的总和，程序写为：

```
Serial.print{C[0]+C[1]+C[2]};
```

要将 C[4] 的值除以 2 并将结果赋值给变量 y，程序写为：

```
Y=C[4]/2;
```

示例 1：声明数组并用循环来初始化数组的元素再将数组中的值求和。

程序声明一个 10 元素的整数数组 a。使用 For 语句将数组元素初始化为零。通常，数组的元素表示要在计算中使用的一系列值。例如，如果数组中的元素表示考试成绩，老师希望将数组的元素进行加总。程序如下：

```
const int arraySize = 10; // 指示数组大小的常量变量

int a[ arraySize ] = { 87, 68, 94, 100, 83, 78, 85, 91, 76, 87 };//赋值给数组a

int total = 0;//设置成绩总和初始值为0

void setup ()

{

Serial.begin(9600);//设置波特率为9600，这里要跟软件设置相一致

}

void loop ()

{

    for ( int i = 0; i < arraySize; ++i )// 使用For语句将数组元素初始化为零

    total += a[ i ];//将数组a中所有元素求和并赋值给total

    Serial.print («Total of array elements : «) ;//输出字符串"Total of array
elements :"

    Serial.print(total) ; //输出total的数值

}
```

结果它会产生以下结果：

```
Total of array elements : 849
```

2.3.2 字符串

在 Arduino 及 C++ 程序中，通常有两种定义字符串的方式：char 数组和 String 类。

char 数组是字符元素组成的数组，是最基本最常见的字符串定义方式。其定义方式如下：

```
char a[ ]="arduino";
```

需要注意的是，字符串末尾都有一个不可见的结束符（\0）。因此这个字符串虽然有 7 个字符，但其长度为 8 字节。可以使用以下代码进行测试：

```
char a[ ]="arduino";

serial.print("strlen: ");

serial.printIn(strlen(a));

serial.print("sizeof: ");

serial.printIn(sizeof(a));
```

strlen 可以测量字符串的长度，sizeof 可以返回变量占用的内存大小。可以看到，两者的输出结果是不一样的，正是由于 char 数组有（\0）结束符造成的。

因此这个字符串也可以写作：

```
char a[8]={'a', 'r', 'd', 'u', 'i', 'n', 'o', '\0'};
```

但如果写作：

```
char a[7]={'a', 'r', 'd', 'u', 'i', 'n', 'o'};
```

则该变量只是一个 char 数组，由于没有结束符，其不能被正确的识别成字符串，在实际运用中如果作为字符串调用，将导致程序出错。

char 数组是 C 语言中提供的字符串定义方式，在 C++ 中更常使用的是 string 类型。string 类型除了能储存字符串数据本身，还能提供多种成员函数，可以完成一些常用的字符串操作。其定义语句如下：

```
string a="arduino";
```

2.4　数据运算

2.4.1　算术运算符

算术运算符也就是常见的加减乘除、赋值运算和模数运算。

①赋值运算符："="，表示将一个表达式的值存储在左边的变量。如：x=a,将a的值放入到变量x中。

②加法运算符："+"，表示对两个操作数求和。如：x=a+b，将a和b相加放入变量x中。

③减法运算符："–"，表示两个操作数相减。如：x=a–b，将a的值与b的值相减，差放入变量x中。

④乘法运算符："*"，表示将两个操作数相乘。如：x=a*b，将a与b的值相乘，积放入变量x中。

⑤除法运算符："/"，表示两个操作数相除。如：x=a/b，将a的值除以b的值，商放入变量x中。

⑥模数运算符："%"，表示对连个操作数做取余运算。如：x=a%b，将a的值除以b的值，余数放入x中。

示例如下：

```
void loop()
{
    int a=9,b=4,c;
    c=a;
    c=a+b;
    c=a-b;
    c=a*b;
    c=a/b;
    c=a%b;
}
/*代码将输出：*/
c=9
a+b=13
a-b=5
a*b=36
a/b=2//不计余数，取整数商
a%b=1//余数是1
```

2.4.2　关系运算符

关系运算符在 C 语言中主要起到判断的作用。我们先假设变量 A 的值是 10，变量 B 的值是 20。

①等于："=="，判断两个操作数的值是否相等，如果是，则条件为真，结果为 true，不相等则条件为假，结果为 false。如 A==B，条件不为真，会返回 false。

②不等于："!="，判断两个操作数的值是否相等，如果值不相等，则条件为真，结果为 true，相等则条件件为假，结果为 false。如 A!=B，条件为真，会返回 false。

③小于："<"，判断符号左边的操作数值是否小于右边的操作数值，如果是，则条件为真，结果为 true，不是则条件为假，结果为 false。如 A<B，条件为真，会返回 true。

④大于：">"，判断符号左边的操作数值是否大于右边的操作数值，如果是，则条件为真，结果为 true，不是则条件为假，结果为 false。如 A>B，条件为假，会返回 false。

⑤小于或等于："<="，判断符号左边的操作数值是否小于或等于右边的操作数值，如果是，则条件为真，结果为 true，不是则条件为假，结果为 false。如 A<=B，条件为真，会返回 true。

⑥大于或等于：">="，判断符号左边的操作数值是否大于或等于右边的操作数值，如果是，则条件为真，结果为 true，不是则条件为假，结果为 0。如 A>=B，条件为假，会返回 false。

示例如下：

```
void loop()
{
    int a=9,b=4
    bool c=false;
    if(a>b)
        c=true;
    else
        c=false;
    if(a==b)
        c=true;
    else
        c=false;
    if(a!=b)
        c=true;
    else
```

```
            c=false;
    }


    /*代码将输出：*/
    c=true
    c=false
    c=true
```

2.4.3 逻辑运算符

①逻辑与运算符："&&"，如果两个操作数都是非零，那么条件为真。如(a>b)&&(b<c),若变量a的值大于变量b的值，且变量b的值小于变量c的值，则结果为真，否则结果为假。

②逻辑或运算符："||"，如果两个操作数中的任何一个是非零，则条件为真。如(a>b)||(b<c),若变量a的值大于变量b的值，或变量b的值小于变量c的值，则结果为真，否则结果为假。

③逻辑非运算符："!"，用于反转操作数的逻辑状态。如果操作数的逻辑状态为真，则逻辑非的结果为假。如!(a>b)，若变量a的值大于变量b的值，则结果为真，否则结果为假。

逻辑非、逻辑与和逻辑或的示意图如图2-2所示。

逻辑非			逻辑与			逻辑或	
a	!a	a	b	a&&b	a	b	a||b
1	0	1	1	1	1	1	1
01		1	0	0	1	0	1
		0	1	0	0	1	1
		0	0	0	0	0	0

图2-2 逻辑非、逻辑与和逻辑或的示意图

2.4.4 递增/减运算符

①递增运算符："++"，将操作数的值增加1，如a++，将变量a的值加1，表示在使

用a的值后，再使a的值加1，++a则表示先将a的值加1，再使用。

②递减运算符："−−"，将操作数的值减少1，如a−−，将变量a的值减1，表示在使用a的值后，再使a的值减1，−−a则表示先将a的值减1，再使用。

示例如下：

```
void setup()
{
    Serial.begin(9600);
    int a=8;
    int b=8;
    //put your setup code here, to run once:
    Serial.begin(9600);
    Serial.printIn(++a);
    Serial.printIn(b++);
}
void loop()
{
    // put your setup code here, to run repeatedly:
}
输出结果：
9
8
```

2.5　程序结构

任何算法都是由顺序结构、选择结构及循环结构三种基本结构组成。一个复杂的程序可以被分解为若干个基本结构，从而使程序的结构层次清晰明朗，易于验证程序的正确性和纠错程序。

2.5.1　顺序结构

顺序结构是三大基本结构中最基本的程序结构。在顺序结构中，语句按先后顺序依次执行，不发生跳转。

如图2-3所示，虚线框内是一个顺序结构，程序从A到B依次执行。

依次点亮led灯示例：

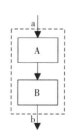

图2-3　顺序结构

```
void setup()
{
    Serial.begin(9600);
    //设置引脚工作模式
    pinMode(2,OUTPUT);
    pinMode(3,OUTPUT);
    pinMode(4,OUTPUT);
}
void loop()
{
    //设置引脚工作电压为高，并延时3秒
    digitalWrite(2,HIGH);
    delay(300);
    digitalWrite(3,HIGH);
    delay(300);
    digitalWrite(4,HIGH);
    delay(300);
}
```

输出结果可看到三个led灯依次点亮并保持常亮状态。

2.5.2　选择结构

选择结构又称为条件结构或分支结构。选择语句有以下两种形式。

（1）if语句

执行逻辑为对条件进行判断，若满足条件返回值为真，则执行。if语句有三种结构形式。

①单分支结构：其语义是，先判断条件，如果表达式的值为真，则执行其后的语句，否则不执行该语句（图2-4）。

语句为

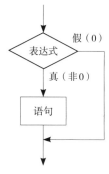

图2-4　单分支结构流程图

```
if (表达式)
    语句;
```

在C语言中，if只能控制其后的一个语句。如果要控制多个语句就必须加大括号。

按下按钮依次点亮led灯示例：

```
void setup()
{
    Serial.begin(9600);
```

```
    //设置引脚工作模式
    pinMode(2,OUTPUT);
    pinMode(3,OUTPUT);
    pinMode(4,OUTPUT);
    pinMode(8,INPUT-PULLUP);
}
void loop()
{
    //把8号引脚的电平状态作为if语句判断条件
    if (digitalRead(8)==0)//如果8号引脚状态为1,则执行if{}中的程序
    {
        digitalWrite(2,HIGH);
        delay(300);
        digitalWrite(3,HIGH);
        delay(300);
        digitalWrite(4,HIGH);
        delay(300);
    }
}
```

输出结果按下按钮可看到三个led灯依次点亮并保持常亮状态。

②双分支结构：其语义是，如果表达式的值为真，则执行语句1，否则执行语句2（图2-5）。

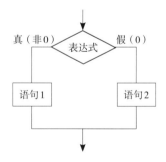

图2-5　双分支结构流程图

语句为

```
if (表达式)
{
    语句1;
}
else
{
    语句2;
}
```

按下按钮依次点亮led灯，否则LED灭示例：

```
void setup()
{
    Serial.begin(9600);
    //设置引脚工作模式
    pinMode(2,OUTPUT);
    pinMode(3,OUTPUT);
    pinMode(4,OUTPUT);
    pinMode(8,INPUT-PULLUP);
}
void loop()
{
    //把8号引脚的电平状态作为if语句判断条件
    if (digitalRead(8)==0)//如果8号引脚状态为0，则执行if{ }中的程序
    {
        digitalWrite(2,HIGH);
        delay(300);
        digitalWrite(3,HIGH);
        delay(300);
        digitalWrite(4,HIGH);
        delay(300);
    }
    else
    {
        digitalWrite(2,LOW);
        digitalWrite(3,LOW);
        digitalWrite(4,LOW);
    }
}
```

输出结果按下按钮可看到三个led灯依次点亮，松开按钮，LED全部熄灭。

③多分支结构：if-else-if是一种多分支选择结构，语义是，依次判断表达式的值，当出现某个值为真时，则执行其对应的语句。然后跳到整个if语句之外继续执行程序。如果所有的表达式均为假，则执行语句n。然后继续执行后续程序（图2-6）。

语句为

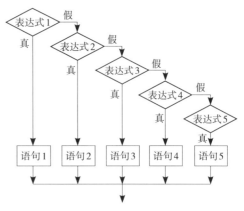

图2-6　多分支结构流程图

```
if (表达式1)
{
    语句1;
}
else if(表达式2)
{
    语句2;
}
else if(表达式3)
{
    语句3;
}
else if(表达式4)
{
    语句4;
}
……
```

输入数字点亮相应引脚led灯示例:

```
void setup()
{
    Serial.begin(9600);
    //设置引脚工作模式
    pinMode(2,OUTPUT);
    pinMode(3,OUTPUT);
    pinMode(4,OUTPUT);
}
void loop()
{
    //定义一个字符型变量ch,如果串口有数据,将数据赋值给ch变量
    char ch;
    if(Serial.available()>0)
    {
        ch=Serial.read();
    }
    //如果变量ch是字符2,点亮2号引脚LED灯1秒,随即熄灭
    if(ch==2)
    {
        digitalWrite(2,HIGH);
        delay(1000);
        digitalWrite(2,LOW);

    }
```

```
// 如果变量 ch 是字符 3，点亮 3 号引脚 LED 灯 1 秒，随即熄灭
if(ch==3)
{
    digitalWrite(3,HIGH);
    delay(1000);
    digitalWrite(3,LOW);

}
// 如果变量 ch 是字符 4，点亮 4 号引脚 LED 灯 1 秒，随即熄灭
if(ch==4)
{
    digitalWrite(4,HIGH);
    delay(1000);
    digitalWrite(4,LOW);

}
}
```

输出结果当输入2时，2号引脚LED闪亮1秒后熄灭，输入3时，3号引脚LED闪亮1秒后熄灭，输入4时，4号引脚LED闪亮1秒后熄灭。

（2）switch...case语句

switch语句是多分支选择结构，switch语句的语义是先计算switch后面表达式的值，并与case后面常量表达式的值逐个比较。当与某个常量表达式的值相等时，即执行此常量表达式后面的语句，并且在执行该语句结束后不再进行判断，继续执行后面所有的语句。如表达式的值与所有case后面常量表达式均不相同时，则执行default后的语句（图2-7）。

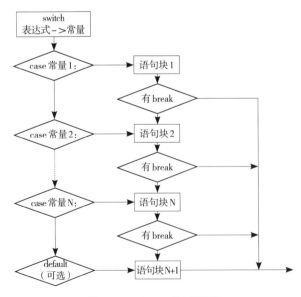

图2-7　switch...case语句流程图

语句为

```
switch(表达式)
{
     case<常量表达式1>:
          语句1；
          break；
     case<常量表达式2>:
          语句2；
          break；
     case<常量表达式3>:
          语句3；
          break；
     ……
     default:
          语句n；
          break；
}
```

语法说明：

① switch 后面括号内的"表达式"必须是整数类型。也就是说可以是 int 型变量、char 型变量，也可以直接是整数或字符常量。但绝对不可以是实数，float 型变量、double 型变量、小数常量，会显示语法错误。

② 当 switch 后面括号内"表达式"的值与某个 case 后面的"常量表达式"的值相等时，就执行此 case 后面的语句。执行完一个 case 后面的语句后，流程控制转移到下一个 case 继续执行。如果你只想执行这一个 case 语句，不想执行其他 case，那么就需要在这个 case 语句后面加上 break，跳出 switch 语句。再重申一下：switch 是"选择"语句，不是"循环"语句。

③ 若所有的 case 中的常量表达式的值都没有与 switch 后面括号内"表达式"的值相等的，就执行 default 后面的语句，default 是"默认"的意思。如果 default 是最后一条语句的话，那么其后就可以不加 break，因为既然已经是最后一句了，则执行完后自然就退出 switch 了。

④ 每个 case 后面"常量表达式"的值必须互不相同，否则就会出现互相矛盾的现象，而且会造成语法错误。

⑤ "case 常量表达式"只是起语句标号的作用，并不是在该处进行判断。在执行 switch 语句时，根据 switch 后面表达式的值找到匹配的入口标号，就从此标号开始执行下去，不再进行判断。

⑥ default 后面可以什么都不写，但是后面的冒号和分号千万不能省略，省略了就

是语法错误。

（3）if 语句和switch...case语句的区别

两者本质的区别是if...else语句更适合对区间（范围）的判断，而switch...case语句更适合对离散值的判断。如判断60~85分的学生if...else语句更适合，因为[65,85]是区间，而判断一个学生的班级是一班、二班还是三班适合用switch语句，因为一班、二班、三班是离散值。

输入数字点亮相应引脚led灯示例：

```
void setup()
{
    Serial.begin(9600);
    //设置引脚工作模式
    pinMode(2,OUTPUT);
    pinMode(3,OUTPUT);
    pinMode(4,OUTPUT);
}
void loop()
{
    //定义一个字符型变量ch，如果串口有数据，将数据赋值给ch变量
    char ch;
    if(Serial.available()>0)
    {
        ch=Serial.read();
    }
    //输入数字，点亮数字相应号引脚LED灯1秒，随即熄灭
    switch(ch)
    {
        case '2':
            digitalWrite(2,HIGH);
            delay(1000);
            digitalWrite(2,LOW);
            break;
        case '3':
            digitalWrite(3,HIGH);
            delay(1000);
            digitalWrite(3,LOW);
            break;
        case '4':
            digitalWrite(4,HIGH);
            delay(1000);
            digitalWrite(4,LOW);
```

```
        break;
    }
}
```

当输出结果输入 2 时，2 号引脚 LED 闪亮 1 秒后熄灭，输入 3 时，3 号引脚 LED 闪亮 1 秒后熄灭，输入 4 时，4 号引脚 LED 闪亮 1 秒后熄灭。

2.5.3　循环结构

循环结构是指在程序中需要反复执行某个功能而设置的一种程序结构。它由循环体中的条件，判断继续执行某个功能还是退出循环。图 2-8 为循环语句的流程图：

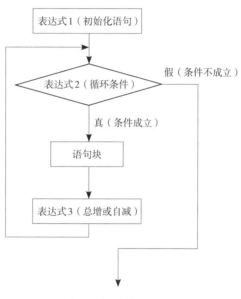

图 2-8　循环语句的流程图

（1）while 循环

while 循环的执行顺序非常简单，它是一个顶部驱动的循环，语句为：

```
while(表达式)
{
    语句;
}
```

while 的执行顺序为，当表达式为真，执行下面的语句；语句执行完后再判断表达式是否为真，如果为真，再执行下面的语句；然后再判断表达式是否为真……一直循环下去，直到表达式为假，跳出循环。

流水灯先亮后灭示例：

```
void setup()
{
    Serial.begin(9600);
    //设置引脚工作模式
    pinMode(2,OUTPUT);
    pinMode(3,OUTPUT);
    pinMode(4,OUTPUT);
}
void loop()
{
    int i=2;
    while(i<=4)
    {
        digitalWrite(i,HIGH);
        delay(300);
        i++;
    }
    while(i>=2)
    {
        digitalWrite(i,LOW);
        delay(300);
        i--;
    }
}
```

输出结果2至4号引脚LED灯逐个点亮，然后LED灯从4至2号逐个熄灭，一直循环下去。

（2）do...while 循环

do...while是一种底部驱动的循环，它的语句如下：

```
do
{
    语句;
}
While(表达式);
```

与while和for循环不同，在表达式被执行之前，do...while 循环体语句首先被执行一次。也就是说do...while 循环会确保循环体语句至少执行一次。如果控制表达式的值为true，循环会继续进；如果是false，结束循环。

流水灯先亮后灭示例：

```
void setup()
{
```

```
    Serial.begin(9600);
    //设置引脚工作模式
    pinMode(2,OUTPUT);
    pinMode(3,OUTPUT);
    pinMode(4,OUTPUT);
}
void loop()
{
    int i=2;
    do
    {
        digitalWrite(i,HIGH);
        delay(300);
        i++;
    }
    while(i<=4);
    do
    {
        digitalWrite(i,LOW);
        delay(300);
        i--;
    }
    while(i>=2);
}
```

输出结果 2 至 4 号引脚 LED 灯逐个点亮，然后 LED 灯从 4 至 2 号逐个熄灭，一直循环下去。

（3）for 循环

和 while 循环一样，for 循环也是一个顶部驱动的循环，但是它包含了更多的循环逻辑，每个 for 循环有三个表达式，如下所示：

```
for(表达式1;表达式2;表达式3)
{
    语句
}
```

在一个 for 循环中，在循环体顶部，先后执行下述动作：

①表达式 1：初始化语句，对变量进行条件初始化，只执行一次。

②表达式 2：控制表达式，每轮循环都要计算控制表达式，以判断是否需要继续本轮循环。当控制表达式的结果为 false，结束循环。

③表达式 3：调节器，指计算器自增或自减，在每轮循环结束后，下一次循环的表达式 2 前面执行。

例如：

```
for(counter=0;counter<=9;counter++)
{
        语句//语句将被执行10次
}
```

流水灯先亮后灭示例：

```
void setup()
{
    Serial.begin(9600);
    //设置引脚工作模式
    pinMode(2,OUTPUT);
    pinMode(3,OUTPUT);
    pinMode(4,OUTPUT);
}
void loop()
{
    for(int i=2;i<=4;i++)
    {
        digitalWrite(i,HIGH);
        delay(300);
    }
    for(int i=4;i>=2;i--)
    {
        digitalWrite(i,LOW);
        delay(300);
    }
}
```

输出结果2至4号引脚LED灯逐个点亮，然后LED灯从4至2号逐个熄灭，一直循环下去。

2.6　Arduino 基本函数

2.6.1　数字I/O引脚的操作函数

（1）pinMode(pin,mode) 函数

用于配置引脚输入、输出模式，无返回值。参数pin是要配置的引脚，mode可以是INPUT、或者OUTPUT。INPUT用于读取信号，OUTPUT用于输出控制信号，pin的范围

是数字引脚0~13。pinMode(pin,mode) 函数一般会放在 void setup() 中，先设置再使用。

（2）digitalWrite(pin,value) 函数

设置引脚输出电压的高低水平，无返回值。参数 value 是要输出的电压 HIGH（高电平）或 LOW（低电平）。在使用 digitalWrite(pin,value) 函数前，一定要用 pinMode(pin,mode) 函数来设置。

（3）digitalRead(pin) 函数

引脚 pin 在设置输入状态下，可以获取引脚电压情况 HIGH（高电压）或 LOW（低电压）。

数字 I/O 引脚的操作函数使用示例如下：

```
int button=6;//设置第6脚为按钮输入引脚
int LED=13;//设置第13脚为LED输出引脚，内部连接板上的LED灯
void setup()
{
    pinMode(button,INPUT);//把按钮设置为输入
    pinMode(LED,OUTPUT);//把LED设置为输出
}
void loop()
{
    if(digitalRead(button)==HIGH)//如果按钮读取高电平
    {
        digitalWrite(LED,HIGH);//13号引脚输出高电平
        delay(500);
    }
    else
    {
        digitalWrite(LED,LOW);//13号引脚输出低电平
        delay(500);
    }
}
```

2.6.2　模拟 I/O 引脚的操作函数

（1）analogReference(type)

设定用于模拟输入的基准电压（输入范围的最大值）。

type 的可选值为：

DEFAULT 是默认模拟值，参考电压是 5V。

INTERNAL 是内置参考，在 ATmega168 或 ATmega328 上等于 1.1V，在 ATmega8 上等于 2.56V（不适用于 Arduino Mega）。

INTERNAL1V1是内置1.1V参考（仅限Arduino Mega）。

INTERNAL2V56是内置2.56V参考（仅限Arduino Mega）。

EXTERNAL是施加到AREF引脚的电压，仅限0~5V。

（2）analogRead(pin)

模拟输入引脚是带有ADC（analog-to-digital converter,模数转换器）功能的引脚。它可以将外部输入的模拟信号转换为芯片运算时可以识别的数字信号，从而实现读入模拟值的功能，Arduino UNO模拟输入功能有10位精度，即可以将0~5V的电压信号转换为0~1023的整数形式表示。参数pin是指定要读取模拟值的引脚，被指定的引脚必须是模拟输入引脚。

（3）analogWrite(pin,value)

从一个引脚输出PWM模拟值（pluse width modulation，脉冲宽度调整），让LED以不同的亮度点亮或驱动电机以不同的速度旋转。analogWrite()输出结束后，该引脚将产生一个稳定的特定占空比的PWM，该PWM输出继续到下次调用analogWrite()。

PWM信号的频率大约是490Hz。大多数Arduino板只有引脚3、5、6、9、10和11可以实现该功能。在Arduino Mega上，引脚2~13可以实现该功能。旧版本的Arduino板（ATmega8）只有引脚9、10、11可以使用analogWrite()。在使用analogWrite()之前，不需要调用pinMode()来设置引脚为输出引脚。analogWrite函数与模拟引脚、analogRead函数没有直接关系。

模拟I/O引脚的操作函数用示例如下：

```
int LED=9;//引脚9输出LED
int analoPin=3;//电位计连接到模拟引脚3
int val=0;//变量用来存储读取的值
void setup()
{
    pinMode(LED,OUTPUT);//设置LED引脚为输出
}
void loop()
{
    val=analogRead(LED);//读取输入引脚
    analogWrite(LED,(val/4));//读取值范围是0~1023,结果除以4才能得到0~255的区间值
}
```

2.6.3 时间函数

在Arduino中包含四种时间操作函数，分别是：delay()、delayMicroseconds()、

millis() 和 micros()，它们分为两类，一类是以毫秒为单位进行操作的，另一类是以微秒为单位进行操作的。

（1）delay() 函数

delay() 函数接收单个整型数字参数，这个参数表示以毫秒为单位。程序执行遇到这个函数时，等待设定的时间后进下一行代码。

函数语句如下：

```
delay(ms);
```

ms 是以毫秒为单位无符号长整型数，以 LED 闪烁为例：

```
//闪烁LED，每间隔1秒打开和关闭一个连接到数字针脚的LED
int ledPin=13;//LED连接到数字引脚13
void setup()
{
pinMode(ledPin,OUTPUT);//设置引脚为输出
}
void loop()
{
    digitalWrite(ledPin,HIGH);//打开LED
    delay(1000);//等待1000毫秒
    digitalWrite(ledPin,LOW);//关闭LED
    delay(1000);//等待1000毫秒
}
```

（2）delayMicroseconds() 函数

delayMicroseconds() 函数的作用是接受以微秒为单位的整型数字参数，执行等待。1ms=1000us，1s=1000ms。相比 delay() 函数它的单位更小，可以更精确地执行控制。

函数语句如下：

```
delay(us);
```

us 是以微秒为单位无符号整型数，现在把 LED 闪烁的例子修改看一下：

```
//闪烁LED，每间隔1秒打开和关闭一个连接到数字针脚的LED
int ledPin=13;//LED连接到数字引脚13
void setup()
{
pinMode(ledPin,OUTPUT);//设置引脚为输出
}
void loop()
{
    digitalWrite(ledPin,HIGH);//打开LED
```

```
delay(1000);//延迟1000微秒
digitalWrite(ledPin,LOW);//关闭LED
delay(1000);//等待1000微秒
}
```

从LED闪烁的频率可以看到两者的区别。

（3）millis()函数

millis()函数可以用来获取Arduino运行程序的时间长度，该时间长度单位为毫秒，Arduino最长可记录50天。如果超出时间上限，记录将从0重新开始。

millis()函数语句如下：

```
millis();
```

获取Arduino开机后运行的时间长度，此时间数值以毫秒为单位，返回值类型为无符号长整型数。看下面的例子：

```
unsigned long time;
void setup()
{
    Serial.begin(9600);
}
void loop()
{
    Serial.print("Time:");
    time = millis();// 串口监视器显示程序运行的时间长度，毫秒读数
    Serial.println(time); // 为避免连续发送数据，设置等待1000ms
    delay(1000);
}
```

（4）micros()函数

micros()函数的作用是获取Arduino运行程序的时间长度，该时间长度单位是微秒。最长记录时间大约70分钟，溢出后回到0。

micros()函数语句如下：

```
micros();
```

函数返回程序启动后的时间长度，读数为无符号长整型，单位是微秒。看下面的示例：

```
unsigned long time;
void setup()
{
    Serial.begin(9600);
}
```

```
void loop()
{
    Serial.print("Time:");
    time = micros();// 串口监视器显示程序运行的时间长度，微秒读数
    Serial.println(time); // 为避免连续发送数据，设置等待1000us
    delay(1000);
}
```

2.6.4　数学函数

①min(x,y) 求最小值，回传两数之间较小者。示例：val=min(10,20);// 回传 10。

②max(x,y) 求最大值，回传两数之间较大者。示例：val=max(10,20);// 回传 20。

③abs(x) 计算绝对值，回传该数的绝对值，可以将负数转正数。示例：val=abs(–10);// 回传 10。

④constrain(x,a,b) 约束函数，下限 a，上限 b，判断 x 变数位于 a 与 b 之间的状态。x 若小于 a 回传 a；介于 a 与 b 之间回传 x 本身；大于 b 回传 b。

⑤map(value,fromLow,fromHigh,toLOW,toHigh) 约束函数，将 value 变数依照 fromLow 与 fromHigh 范围，对等转换至 toLOW 与 toHigh 范围。该函数时常用于读取类比信号，转换至程式所需要的范围值。示例：val= map(analogRead(0),30,120,0,5);// 将 analogRead0 所读取到的讯号对等转换至 0~5 的数值。

⑥double pow(base,exponent) 开方函数，base 的 exponent 次方。回传一个数 base 的指数 exponent 值。示例：double y=pow(x;16);// 设定 y 为 x 的 16 次方。

⑦double sqrt(x) 开根号，回传 double 型态的取平方根值。示例：double y=sqrt(1296);// 回传 1296 平方根的值 36。

⑧double sin(rad) 回传角度 radians 的三角函数 sine 值。示例：double sine=sin(3);// 回传近似值 0.14112000806。

⑨double cos(rad) 回传角度 radians 的三角函数 cosine 值。示例：double cosine=cos(3);// 回传近似值 –0.9899924966。

⑩double tan(rad) 回传角度 radians 的三角函数 tangent 值。示例：double tangent=tan(3);// 回传近似值 –0.14254654307。

2.6.5　中断函数

什么是中断？中断，是指停止当前正在处理的任务，而优先去执行中断服务程序

（简称 ISR）。当中断服务程序完成以后，再回来继续执行刚才执行的任务，以确保瞬时脉冲信号可以被检测到并执行相应任务。

（1）attachInterrupt() 函数

attachInterrupt() 函数是用于为 Arduino 开发板设置和执行 ISR。ISR 是指中断 Arduino 当前正在处理的事情而优先去执行中断服务程序。当中断服务程序完成后，再回来继续执行刚才执行的程序。中断服务程序对监测 Arduino 输入有很大用处。

我们使用 attachInterrupt() 函数和 Arduino 的引脚触发中断程序。表 2-3 说明了各个 Arduino 控制板中支持中断的引脚有哪些：

表2-3　Arduino控制板支持中断的引脚

Arduino控制板	支持中断的引脚
UNO,Nano,Mini	2,3
Mega,Mega2560,MegaADK	2,3,18,19,20,21
Micro,Leonardo	0,1,2,3,7
Zero	除4号引脚以外的所有数字引脚
MKR1000/ Rev.1	0,1,4,5,6,7,8,9,A1,A2
Due	所有数字引脚

attachInterrupt() 函数语句：

```
attachInterrupt(interrupt,ISR,mode);
```

该函数有三个参数，中断源 interrupt、中断服务程序名 ISR 和中断模式 mode。中断源表示中断初始口 0 或 1，分别对应 2、3 引脚；中断服务程序是一段子程序，当中断发生时执行该部分子程序；中断模式有 4 种，第一个 LOW（低电平中断），当引脚为低电平时触发中断服务程序；第二个 CHANGE（变化时中断），当引脚电平发生变化时触发中断服务程序；第三个 RISING（上升沿中断），当引脚电平由低电平变为高电平时触发中断服务程序；第四个 FALLFING（下降沿中断），当引脚电平由高电平变为低电平时触发中断服务程序。

D2 引脚触发火焰报警流水灯示例：

```
void exInterrupt()//定义一个外部中断程序
{
    Serial.printIn("Fire Alarm!");//输出报警信息
}

void setup()
{
    for(int i=3;i<=7;i++)
```

```
    {
        pinMode(i,OUTPUT);
    }
    pinMode(2,INPIUT);
    Serial.begin(9600);
    attachInterrupt(0, exInterrupt, RISING);//添加中断设置
}
void loop()
{
    for(int i=3;i<=7,i++)
    {
        digitalWrite(i,HIGH);
        delay(500);
    }
    for(int i=3;i<=7,i++)
    {
        digitalWrite(i,LOW);
        delay(500);
    }
}
```

输出结果流水灯正常工作当按下2号引脚上的按钮后，输出"Fire Alarm!"进行报警。

（2）detachInterrupt(interrupt)

该函数用于取消中断，interrupt表示要取消的中断源。interrupt=1表示中断开，interrupt=0表示中断关。

2.6.6 串口通信

串口，也称UART（universal asynchronous receiver transmitter），通用异步（串行）收/发器接口，是指Arduino硬件集成的串口。既可以使用USB接口与计算机连接而进行Arduino与计算机间的串口通信，还可以使用串口引脚连接其他串口设备进行通信。两个串口设备间需要发送端（TX）与接收端（RX）交叉相连，并共用电源地（GND）（图2-9）。

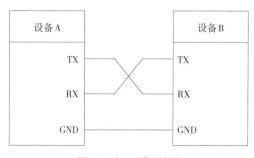

图2-9 串口通信示意图

（1）串口配置

Serial.begin(speed,config)

//参数speed是指串口通信波特率，波特率是指每秒传输的比特数，除以8就可以得到每秒传输的字节数，一般波特率有9600、115200，Arduino一般用9600，51单片机一般用115200。

//config:数据位、校验位、停止位配置。

（2）串口输出

Serial.print(val)//val是你要输出的数据，各种类型数据均可。

Serial.print(val)//串口输出数据后自动换行。

（3）串口输入

Serial.available()//用于判断串口是否接收到数据，并返回可从串口缓冲区读取的字节数，该函数返回值为int型，不带参数。

Serial.read()//调用该语句，会读取串口数据，并会返回一个字节的数据，读完后从缓存中删除已读取的数据。

串口通信函数使用示例：

```
int a=0;
void setup()
{
    Serial.begin(9600);//设置波特率9600
}
void loop()
{
//如果串口接收到数据,将读取到数据赋值给a,然后输出"Hello!I have received:a的数据"//

    if(Serial.available())
    {
        a=Serial.read();
        Serial.print("Hello!I have received:");
        Serial.printIn(a,DEC);
    }
    delay(500);
}
```

2.7 Arduino为交互设计而生

随着学科交叉的不断推进，现如今越来越强调艺术与科学、技术领域的结合，这几年世界顶级院校的艺术设计研究方向不断朝着跨专业、跨领域方向前进，最明显的一个特征就是各大院校展示出来的代码、互联网与艺术结合的研究课题越来越多。

Arduino 于 2004~2005 年诞生于意大利伊夫雷亚（Ivrea）小镇的伊夫雷亚交互设计学院（Interaction Design Institute Ivrea，IDII）。创造出来的初衷是给学校的非电子工程背景的设计和艺术类学生提供一套简单、便宜又易用的工具来更好地学习和理解电子技术，并进行创作。所以，Arduino 天生就具备了灵活、易上手的特质，使用它的人即使没有软件基础也能很快设计出属于自己的项目，相对于其他开源电子原型平台，Arduino 能立足并流行的原因之一是它追求"简单"，大部分元器件都集成化、模块化，你不用从自己焊接电子原件开始，拿到手的就是能直接上手的模块。同时，在基于 Casey Reas 的 Processing 提供一套简单的 IDE，基于 C 语言包装自己的简单语法。这样初学者很容易上手，即使你没有任何电子和编程基础，只要学会简单的语法，了解 Arduino 硬件框架，写几行代码，你就能控制一个电子元件，这种正反馈对于初学者来说是很有成就感的。所以，很快 Arduino 平台在其他学校以及业余电子爱好者中流传开来。

所有"交互化"的艺术创作都需要 Arduino。其实与其说 Arduino 是为交互设计而生的，不如说 Arduino 是为"交互化"而生的。因为在这个快速发展的互联网时代，"交互化"不只是融入交互设计，我们能想得到的所有艺术设计领域，早就已经发生了深刻的交互数字化转型，如服装交互、视觉交互等。所以，在交互数字化转型时期，无论同学们学的是什么专业，在想要更好地将作品呈现出来的时候，或多或少都会在"交互化"的过程中遇到一些编程上的技术问题。

设计师不需要具备很强的编程功力去把产品百分百地还原，但是需要准备好一个随时都能被自己的设计概念调动的技术信息的知识框架。因为只有这样，才能保证设计师在设计的时候能够快速理解产品的技术逻辑，从而更容易看到技术与用户体验间的联系。

因此，Arduino 非常适合想法的探索试验阶段和原型开发。很多电子产品的原型都是用 Arduino 创作，然后工程师再迁移至更好的工具平台，优化代码效率等。

可能很多同学也有想过去学习编程，让自己的作品看起来"更厉害"一些，但在这里需要纠正这样的误解，并不是在你的项目里编程越复杂，项目含金量就越高。能让作品含金量变高的是你的设计概念，而不是编程，编程只是将概念呈现出来的方式。

总而言之，Arduino 是一款非常典型的"低门槛、宽边界、高天花板"的入门工具。你可以在很多领域利用它，但 Arduino 也有它的不足之处，比如 Arduino 族群中大部分都拥有有限的计算能力，比较适合作为低成本的感应端或执行端，且大部分也不是针对处理网络方案而生的。所以当你的项目需要较强的计算和网络处理能力时，你需要果断考虑换成其他平台。随着你的项目越来越复杂，你也必须老老实实地回来学习电学基础，学好 C 语言，没有捷径。

案例篇

第 3 章

震浪鼓设计

3.1　项目概述

在日常生活中，声音是我们与世界交流和感知世界的重要方式之一。然而，虽然我们能够通过听觉感知声音的存在和特征，但却无法直接观察到声波的形态和传播过程。声波是一种机械波，它是由振动的物体或介质产生的，通过传播媒介（如空气、水等）将振动的能量传递出去。由于声波的频率通常超出人耳能够感知的频率范围，且声波传播的速度非常快，我们无法用肉眼直接观察声波是如何随着声音的发出而波动的。

为了满足人们对声音的直观理解和更深入的感知需求，希望通过设计一个声波的可视化装置，使声音能够以可见的形式展现出来。结合乐器等发声装置，可以在使用这些装置时，实时观察声波的波动过程，并将声波的信息转换成具有视觉效果的图像或效果。以这种可视化的方式，人们可以通过视觉感知声音的振动和传播，增强对声音的理解和欣赏，同时创造出一种趣味性的交互体验。

3.2　设计理念

3.2.1　产品概念

震浪鼓产品由两大部分组成：环境传感器感应模块和光效显示模块，两者通过Arduino主板进行通信。采用了震动传感器，该传感器可以感知用户敲击鼓面产生的震动。一旦有震动产生，震动传感器会向Arduino主板发送信号。Arduino主板是整个产品的核心控制部分，它接收来自震动传感器的信号，并进行数据处理和逻辑控制。

一方面，当主板接收到震动信号表示用户进行了敲击操作时，它会发送命令给光效显示模块，控制LED灯带产生亮起效果。LED灯带围绕着震浪鼓的边缘，通过控制不同部分的灯珠点亮与熄灭，创造出震浪鼓鼓面荡漾出一圈圈音波的视觉效果。另一方面，当主板未接收到震动信号时，表示用户没有进行敲击操作，Arduino主板会发送另一个命令给光效显示模块，控制LED灯带恢复常态显示，保持静止效果。

通过整合环境传感器感应模块和光效显示模块，并通过Arduino主板进行数据处理和逻辑控制，实现根据用户敲击鼓面产生的震动来控制LED灯带显示的产品概念。

3.2.2　设计概述

"震浪鼓"的设计结合音乐、光效和互动，为用户带来独特的音乐演奏和视觉体验。通过整合震动传感器、光效显示和 Arduino 主板，"震浪鼓"实现了实时检测演奏者的敲击动作并通过流动光波的效果模拟音波传播可视化效果。这样的设计增加了演奏过程的趣味性和互动性，为用户带来更加丰富的音乐和视觉体验。如图 3-1 所示是本产品的交互流程。

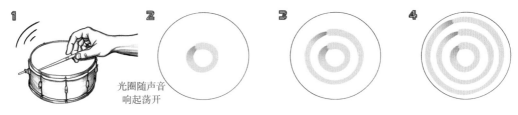

光圈随声音
响起荡开

图 3-1　产品交互流程

3.2.3　创新阐述

震浪鼓是一款专为桌面娱乐玩具市场设计的创意音乐装置，旨在为用户提供一种全新的音乐和视觉体验，增添桌面上的趣味和娱乐性。

在这个项目中，我们通过创新的交互方式和音乐表现形式，将桌面娱乐玩具与音乐乐器相结合，为用户带来全新的娱乐体验。

核心的技术在于使用震动传感器检测鼓面是否受到敲击，以流水弹簧灯带的方式每三条灯带逐亮再逐灭，形成流动光波的效果，模拟"音波"的传播过程。这种创新的交互方式使得演奏者与鼓面的互动更加生动有趣，增加了演奏的表现力和创意。

通过感知演奏者敲击动作并将其转化为视觉效果，震浪鼓实现了音乐与视觉元素的交互，为用户带来充满趣味和创意的娱乐体验。在桌面办公、学习和休闲时，使用者可以通过震浪鼓来放松心情、缓解压力，享受与音乐的互动。

3.2.4　知识点

此项目中涉及了"函数调用"的知识点，以下将详细介绍函数调用的原理，以此项目为例。

①函数的定义：函数是一个代码块，它封装了一组相关的操作。在 FastLED 库中，各种函数用于控制 LED 灯带，实现不同的灯光效果。函数的定义包括函数的返回类型、

函数名、参数列表和函数体。

②函数的调用：要调用一个函数，只需在代码中写上函数名，并传递所需的参数。例如，在FastLED库中调用FastLED.show()函数可以让灯光效果实际输出到LED灯带。

③函数的参数：函数可以接受参数，参数是在函数调用时传递给函数的值。在FastLED库中，FastLED.setBrightness(100)函数中的参数100表示设置LED灯带的亮度为100。

④返回值：有些函数在执行完操作后会返回一个值。在FastLED库中，CRGB::Color函数用于创建RGB颜色数值，并将这个值返回给调用它的地方。

⑤函数的定义与调用的位置：通常，函数的定义放在代码的上方，而函数的调用则放在需要调用的地方。在FastLED库的例子中，函数的定义是由FastLED库自身提供的，调用这些函数的位置是根据具体的需求放在合适的地方，例如在setup()函数或loop()函数中。

⑥函数重载：有时，函数可能会有多个版本，每个版本接受不同数量或类型的参数。这就是函数重载。在FastLED库中，有些函数就进行了重载，例如设置颜色的函数可以接受不同的参数形式，以适应不同的使用场景。

⑦返回类型为void的函数：返回类型为void的函数没有返回值。在FastLED库中，FastLED.show()函数就是一个返回类型为void的函数，它只负责将灯光效果输出到LED灯带，而不返回其他值。

FastLED库是由丹尼尔·加西亚（Daniel Garcia）和马克·克里格斯曼（Mark Kriegsman）等人开发的。他们是在LED艺术和嵌入式编程领域非常有经验的开发者。他们共同创建了FastLED库，旨在为Arduino和其他嵌入式平台提供高效的LED控制方法，使用户能够轻松创建各种灯光效果和动画。可以在FastLED的GitHub存储库中找到更多关于该库的信息和源代码。

如表3-1所示，是本次设计所需要用到的主要元器件。

表3-1　本设计的主要元件

元件	芯片	电源	震动传感器模块	灯带
型号	ESP32	2000mAh锂电池	SW420D	WS2812B
尺寸/mm	51.4×28.3	50×30×10	4.5×4.5×9	10×2×757
主要优势	功能强大，应用广泛，可以用于低功耗传感器网络要求高的任务	体积小，方便携带	高灵敏度、快速响应、低功耗、易于使用、可靠性高、小尺寸	智能彩色LED、高亮度、低功耗、可扩展性，方便自由调节光波大小
实物图片				

3.3　项目调研

3.3.1　环境感应技术调研

环境感应技术和传感器在智能家居、工业自动化、环境监测、健康监测等领域得到广泛应用，可以提供丰富的环境数据，帮助人们更好地了解和管理周围的环境。

目前一些常见的环境感应传感器设备如下表3-2。

表3-2　主要几种环境传感器对比

类型	温度传感器	湿度传感器	光敏传感器	声音传感器	震动传感器
工作原理	热敏电阻或热电偶	电容式或电阻式	光敏电阻	声压变换或震动感应	压电材料或震动感应
接收信息类型	温度	湿度	光照强度	声音强度、频率	震动
应用	智能家居、气象监测	温室控制、气象监测	环境照明、安防系统	声音监测、声控系统	物体安全监测、震动报警

在本设计中，选择了震动传感器，该传感器能够感知鼓面是否受到敲击，是一种非接触式传感器，无须与被检测对象接触，使用简便，非常适合桌面娱乐玩具这样的小型项目。我们选择了SW420D震动传感器（图3-2），它能够高效检测鼓面的震动情况。

该传感器具有快速响应的特点，一旦检测到鼓面的震动，即刻产生信号，使得震浪鼓能够及时感知用户的演奏动作，并实时展现光带的流动效果，模拟音波的传播过程。这样的设计增强了用户与震浪鼓之间的互动体验，让用户感受到与这款娱乐玩具的共鸣。

图3-2　SW420D传感器

综上所述，采用SW420D震动传感器为震浪鼓提供了稳定可靠的敲击感应功能，根据用户的演奏实时展现光带的流动效果，为用户提供一种愉悦、有趣的演奏体验，缓解现代快节奏生活中的压力，增加娱乐乐趣。

3.3.2　光照模块设备调研

在Arduino编程环境中，常用的显示设备包括LED照明模块、LED灯带、LED点阵、7段LED数码管等。这些LED照明模块具有高效节能、长寿命、色彩丰富、环保健康和可调节性等特点。它们在室内家居装饰、商业展览、数字时钟、计数器、小型显示设备等场合得到广泛应用。通过与Arduino主板的连接，这些LED照明模块能够在项目中展示文本、数字、图形和动画等信息，为Arduino项目带来更丰富的功能和交互性。

目前一些常见的光照设备及其特点使用场合技术特点等区别对比如下表3-3。

表3-3　主要几种光照设备对比

类型	LED照明模块	LED灯带	LED点阵	7段LED数码管
特点	高效节能、长寿命、多种颜色可选	灵活、可弯曲、色彩丰富	高分辨率、可编程	简单、直观、易于读取
使用场合	室内照明、户外照明、商业照明、车辆照明等	家居装饰、商业场所、节日装饰等	信息显示屏、时钟、计时器、游戏等	计时器、计数器、温度显示等
技术特点	可调光、色温调节、节能等功能	分为单色、多彩、RGB等类型，可根据需要选择	一般采用串行通信接口，需要使用库函数进行控制	需要使用特定的引脚控制，可以通过库函数实现数字显示

在本设计中，我们选择了LED灯带作为震浪鼓项目的亮化装置。LED灯带是一种灵活、高亮度、低功耗的光源，非常适合用于小型娱乐玩具，如震浪鼓。LED灯带具有多彩丰富的色彩和可调节性，能够营造出各种视觉效果，增加震浪鼓的视觉吸引力。

我们在设计中将LED灯带嵌入震浪鼓的鼓面内部，以实现流动光波效果。当震动传感器检测到鼓面受到敲击时，通过编程控制LED灯带的亮灭和色彩变化，形成流动光波的效果，模拟音波的传播过程。这样的设计使得用户在演奏过程中不仅能够感受到震动的反馈，还能通过视觉上的变化获得更加丰富的感官体验。

LED灯带的选择还考虑了其高效节能和长寿命的特点，确保震浪鼓在长时间使用中能够保持稳定和持久的光效表现。此外，LED灯带还是环保健康的光源，没有汞等有害物质，更符合现代环保理念。

综上所述，LED灯带作为震浪鼓项目的亮化装置，为用户提供了更加丰富、有趣的演奏体验。其灵活性、高亮度、可调节性和环保特点，使得震浪鼓在演奏过程中能够同时满足视觉和听觉上的需求，为用户带来非凡的娱乐享受。

3.4　项目设计实践

3.4.1　震浪鼓草图推演

产品主体大王花的仿生设计融合了灵感元素——鼓和花朵，形成了独特而优雅的外观。整体设计兼具节奏感和动感，吸引用户的目光。上半部分设计：上半部分采用了鼓的造型，灵感来源于鼓的元素。这一部分设计着重表现鼓的特征，让产品更加富有艺术感和独特魅力。下半部分设计：下半部分是花朵的简化样式，与鼓的形状巧妙融合。这种设计不仅展现了大王花的线条形象，还赋予了产品自然的美感。产品的下半部分采用了展开的设计，使得整体摆放更加稳定。用户可以将产品放置在桌面或其他平面上，展开的结构能够提供更好的支撑，保障了使用时的稳定性和安全性。特别是在敲击操作时，产品的稳定性更是十分重要。

产品研究了用户的使用习惯和姿势，以此来优化产品的人机工程学设计。通过倾斜鼓面的方式，使得用户在使用时手腕和手臂的姿势更加舒适自然。

初步确定震浪鼓的造型为图3-3。

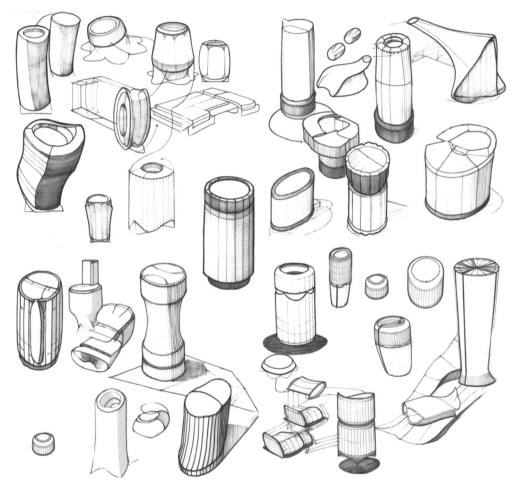

图3-3　震浪鼓造型草图

3.4.2　原型设计

震浪鼓的原型设计着重考虑外观、电源与充电、功能三个方面。外观设计选择适宜的壳体材质和造型，确保震浪鼓外观富有艺术感和独特魅力，同时巧妙地隐藏震动传感器。壳体材质选用轻便的塑料，方便携带和触摸（图3-4）；造型采用仿生大王花设计，增加视觉吸引力和情感共鸣（图3-4）。设备的布局合理，将LED灯带嵌入鼓面内部，能够形成流动光波的效果。同时，将震动传感器安装在鼓面，以确保准确感知用户的敲击动作。为了便于用户控制，开关设计隐藏在底座的一侧，方便日常使用。

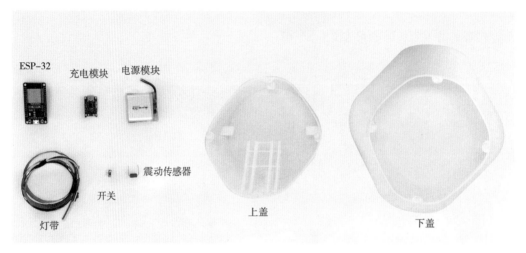

图3-4　壳体部分设计

电源方面，将Arduino单片机和LED灯带连接到电源供电模块，使用合适的锂电池以满足组件的电压和电流要求。集成充电模块支持Type-C接口，方便用户通过常见的充电器或电脑USB端口进行充电。同时，在底座后面预留了充电接口，便于用户连接充电器。

功能设计是震浪鼓的核心部分。使用Arduino编程语言，编写程序实现人体感应和光波效果的切换逻辑。当震动传感器检测到鼓面受到敲击时，通过程序控制LED灯带形成流动光波效果，模拟出音波传播的视觉效果。这样的设计增强了震浪鼓的互动性，让用户感受到娱乐和创意的愉悦。同时，在未受到敲击时，LED灯带处于关闭状态，保持静谧。整个震浪鼓项目能够为年轻群体提供娱乐和放松。

具体代码逻辑如图3-5所示。

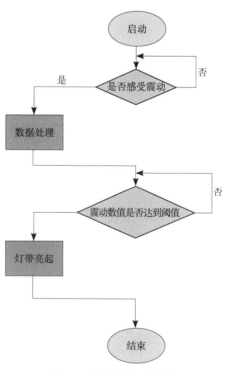

图3-5　本设计的交互逻辑图

3.4.3 材料清单

完成本项目所用到的元器件及其数量如表3-4所示。

表3-4 震浪鼓元器件清单

元器件/测试仪器	数量
SW420D震动传感器	1个
WS2812B灯带	1条
ESP-32	1个
开关	1个
充电模块	1个
电池	1个
外壳（3D打印件）	3个
杜邦线	若干

3.4.4 接线设置及电路图

图中黑色的接线为负极，红色的接线为正极，如图3-6、图3-7所示。

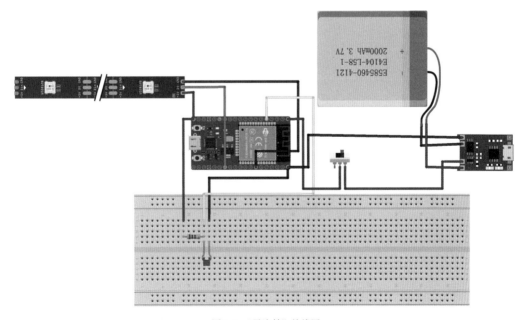

图3-6 "震浪鼓"接线图

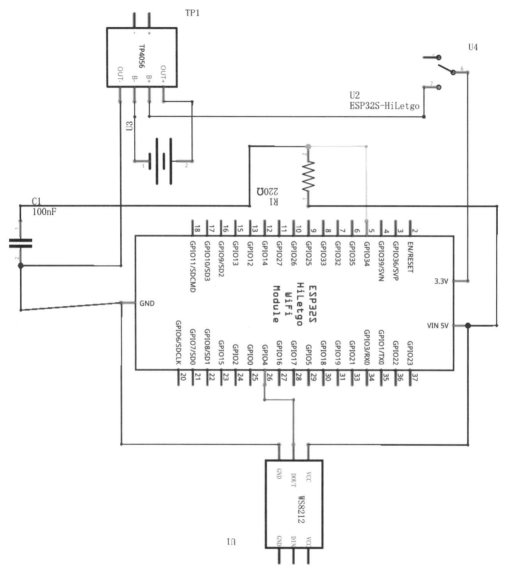

图 3-7 "震浪鼓" 电路图

3.4.5 相关代码

```
#include <FastLED.h>
#define LED_PIN      4
#define NUM_LEDS     23   // 定义灯带上的灯珠数量
#define VIBRATION_PIN 34
#define VIBRATION_THRESHOLD 260


CRGB leds[NUM_LEDS];
```

```
void setup() {
  FastLED.addLeds<WS2812B, LED_PIN>(leds, NUM_LEDS);
  Serial.begin(9600); // 初始化串口通信
}


void loop() {
  int vibration = analogRead(VIBRATION_PIN);
  Serial.println(vibration); // 将震动传感器的值打印到串口监视器

  if (vibration > VIBRATION_THRESHOLD) {
    // 点亮前5个灯珠并保持1.5秒
    for (int i = 0; i < 5; i++) {
      leds[i] = CRGB::White;
    }
    FastLED.show();
    delay(700);
    FastLED.clear(); // 关闭前5个灯珠
    FastLED.show();

    // 点亮第6到第13个灯珠并保持1秒
    for (int i = 6; i < 13; i++) {
      leds[i] = CRGB::White;
    }
    FastLED.show();
    delay(500);
    FastLED.clear(); // 关闭第6到第13个灯珠
    FastLED.show();

    // 点亮第14到第23个灯珠并保持0.5秒
    for (int i = 14; i < NUM_LEDS; i++) {
      leds[i] = CRGB::White;
    }
    FastLED.show();
    delay(100);
    FastLED.clear(); // 关闭所有灯珠
    FastLED.show();
  }
  delay(1000);
}
```

3.5 效果展示

内部接线效果如图3-8所示。

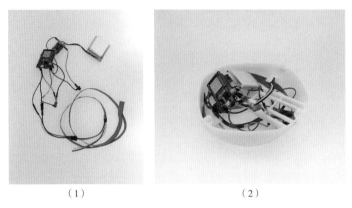

（1） （2）

图3-8 内部接线图

实物拍摄效果如图3-9所示。

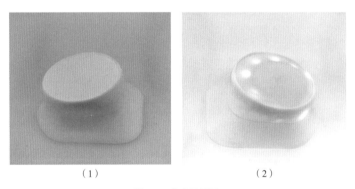

（1） （2）

图3-9 实物拍摄图

场景效果如图3-10所示。

图3-10 场景效果图

第 4 章

"怕光的大鹅" 设计

4

4.1　项目概述

许多人都有与大鹅相遇的经历，并对其战斗力有着或多或少的难忘回忆。特别是那些曾被大鹅追赶过的小伙伴们，对于大鹅的威胁更是心有余悸。

在这样的背景下，本项目希望设计一个有趣而富有挑战性的交互游戏，以娱乐和趣味的方式回应大鹅的凶猛形象。玩家可以参与这个"整蛊大鹅"的项目，通过将小火把靠近大鹅，触发它的尖叫反应。整个游戏充满欢乐和轻松的氛围，人们可以在玩笑中体验与大鹅的互动。

我们希望通过这个交互游戏为年轻人带来娱乐和乐趣，缓解日常生活中的无聊和压力。通过与大鹅的"对抗"，玩家们可以释放压力，体验轻松的快乐。这种趣味性的设计将让人们在愉悦的氛围中与大鹅"对决"，将原本可怕的形象转化为有趣的游戏体验，从而带来愉快的心情和愉悦的时光。

4.2　设计理念

4.2.1　产品概念

"怕光的大鹅"项目的产品概念是将Arduino单片机、光敏传感器和音响相结合，通过光线强度与音调高低的联动，创造出一个有趣而有挑战性的互动游戏。项目包括两大模块：环境传感器感应模块和音效控制模块，它们通过Arduino主板实现数据交互和控制。

环境传感器感应模块中使用光敏传感器，用于采集环境光源参数。光敏传感器可以感知光照强度的变化，并将这些参数传送给Arduino主板。通过Arduino进行数据映射处理，将光照参数与音效的音调高低进行联合。当光线强度发生变化时，Arduino主板将根据设定的规则调节音效的音调高低，实现光线强度与音效音调的联动效果。

音效控制模块中使用音响装置，用于播放与光线强度相对应的音效。随着光线强度的变化，音效控制模块会根据Arduino主板发送的音调高低数据，自动调整音效的音调，使得音效与光线强度形成呼应。例如，光线强度较弱时，音效可能会呈现低沉的音调，而光线强度较强时，音效可能会呈现高亢的音调。这样的设计使得玩家能够通过改变光线强度来控制大鹅尖叫的音调，从而达到互动娱乐的效果。

"怕光的大鹅"项目旨在通过光线强度与音效音调的联动，创造出一个有趣的交互游戏。玩家可以使用光线来"整蛊"大鹅，当光线变强时，大鹅会产生高亢的尖叫音调，营造出欢乐和趣味的氛围。通过 Arduino 的智能控制，使得游戏过程更加有趣和富有挑战性，为年轻人提供一种创意娱乐体验。

4.2.2　设计概述

怕光的大鹅项目是一个创新的互动装置，结合了 Arduino 单片机、光敏传感器和音响技术，旨在通过光线强度与音调高低的联动，创造出一个有趣而有挑战性的互动游戏。整体设计包括两大模块：环境传感器感应模块和音效控制模块，它们通过 Arduino 主板实现数据交互和控制。如图 4-1 所示是本产品的交互流程。

图4-1　产品交互流程

4.2.3　创新阐述

"怕光的大鹅"独特的创新在于将桌面娱乐玩具与音乐相结合，以全新的交互方式和音乐表现形式为用户带来娱乐体验。

该项目的核心技术在于光敏传感器的运用。通过光敏传感器感知环境光源的强度，并将其参数通过 Arduino 单片机进行数据映射处理，进而控制音响的音调高低。当用户使用小火把靠近"怕光的大鹅"时，光敏传感器会感知到光线强度的变化，将其转化为对应的音调，模拟大鹅的尖叫反应。这种创新的交互方式使得用户在娱乐过程中能够产生视觉和听觉上的联动，营造出欢乐和轻松的氛围。

通过将环境光源参数与音响播放的音调高低联合起来，"怕光的大鹅"实现了光线强度与尖叫音调的对应，为用户创造出一种有趣且富有挑战性的娱乐体验。用户可以通过改变光线强度，调整"怕光的大鹅"的尖叫音调，从而与装置进行互动，享受到音乐和视觉的双重乐趣。

4.2.4　知识点

此项目中涉及"串口通信"的知识点，以下将详细介绍串口通信的原理，以此项目为例。

①串口通信基础：串口通信是一种通过串行数据传输的方式，将数据从一个设备发送到另一个设备。在Arduino中，常用的串口通信是通过USB连接到计算机的串口（通常是UART）。

②串口设置：在Arduino中，使用Serial库来进行串口通信。在开始使用串口之前，需要设置串口的波特率（Baud Rate），它决定了数据传输的速度。通常使用Serial.begin()函数来初始化串口通信，并传入波特率作为参数。在Arduino代码的setup()函数中，使用Serial.begin(baudRate)函数初始化串口通信。其中，baudRate参数指定了串口通信的波特率，例如9600。

```
void setup() { // 初始化串口通信
Serial.begin(9600); }
```

③数据发送：要将光敏传感器采集到的光照参数发送给计算机，可以使用Serial.print()或Serial.println()函数。这些函数将数据以ASCII字符的形式发送给计算机。例如，可以使用Serial.print(lightValue)将光照参数发送给计算机。

```
Int lightValue=analogRead(lightSensorPin);
Serial.print("Light intensity: "); Serial.println(lightValue);
```

④数据接收：在计算机端，可以使用串口通信软件（如Arduino IDE的串口监视器）来接收和显示从Arduino发送的数据。通过打开串口监视器，并设置与Arduino相同的波特率，可以读取并显示从Arduino发送的数据。

```
if (Serial.available() > 0) {
    int receivedData = Serial.read(); // 进行数据处理
}
```

⑤控制音响：根据光照参数来控制音响的音调高低，可以通过串口通信将指令发送给音响设备。具体实现取决于音响设备的接口和协议，可能需要使用特定的通信协议（如MIDI），或者通过控制音响设备的GPIO引脚来实现。

需要注意的是，在Arduino端和计算机端都需要对串口进行正确的配置，包括波特率、数据位、校验位等，以确保数据的正确传输和解析。

通过串口通信，Arduino可以将光照参数发送给计算机，实现与音响的数据交互和控制，从而让光照强度与大鹅的尖叫音调联动。

如表4-1所示，是本次设计所需要用到的主要元器件。

表 4-1　本设计的主要元件

元件	芯片	电源	光敏传感器模块	MP3模块
型号	ESP32	2000mAh锂电池	5506	Keyes 8002音响
尺寸/mm	51.4×28.3	35×25×5.8	33×4×5	43×30×13
主要优势	功能强大，应用广泛，可以用于低功耗传感器网络要求高的任务	体积小，方便携带	高灵敏度、宽波长范围、低功耗、快速响应时间、小型化、简单易用	高音质、简单易用、多种接口、低功耗、小型化、价格实惠和可靠性高
实物图片				

4.3　项目调研

4.3.1　环境感应技术调研

环境感应技术和传感器在智能家居、工业自动化、环境监测、健康监测等领域得到广泛应用，可以提供丰富的环境数据，帮助人们更好地了解和管理周围的环境。

目前一些常见的环境感应传感器设备如表 4-2 所示。

表 4-2　主要几种环境传感器对比

类型	光敏传感器	触摸传感器	姿态传感器	水位传感器	压力传感器
工作原理	光照强度	触摸	姿态变化	液体水位	压力
接收信息类型	光信号	触摸信号	姿态信号	水位信号	压力信号
应用	环境光照度检测、光控开关	触摸开关、触摸交互	陀螺仪、加速度计、姿态测量	液位检测、水位控制	压力检测、压力控制

在"怕光的大鹅"项目的设计中，我们选择了光敏传感器作为项目的核心传感器。光敏传感器能够感知环境光线的强度变化，是一种非接触式传感器，无须与被检测对象接触，使用非常方便。我们选用了 5506 光敏传感器（图 4-2），它具有高灵敏度和快速响应的特点。

通过光敏传感器的实时检测，我们可以获取到环境光线的变化情况。当用户用小火把靠近大鹅时，光线强度会发生变化，光敏传感器会立即感知到这一变化，并将信号传送给Arduino主板。Arduino主板会进行数据处理和逻辑控制，将光线强度与音响播放的音调高低进行联动，从而模拟出大鹅尖叫的音调。

综上所述，采用光敏传感器5506作为核心传感器，使得"怕光的大鹅"项目能够实现与用户的实时互动。用户可以通过改变光线强度来控制大鹅尖叫的音调，增加了项目的趣味性和挑战性。

图4-2　5506光敏传感器

4.3.2　音响播放模块

在Arduino编程环境中，常用的音响播放模块包括DFPlayer Mini、WTV020-SD音频模块、VS1053音频模块和Keyes 8002音响模块。这些音响播放模块为Arduino项目提供了丰富的音频播放功能，让用户可以在项目中实现各种有趣的音乐和声音效果。

目前一些常见的音频模块设备及其特点使用场合技术特点等区别对比如表4-3所示。

表4-3　主要几种音频模块对比

类型	DFPlayer Mini	WTV020-SD 音频模块	VS1053 音频模块	MAX98357 音频模块	Keyes 8002 音响模块
特点	支持MP3和WAV格式音频文件播放，小巧、低功耗	支持AD4、WAV等格式音频文件播放，使用简便	支持多种音频格式解码，功能较为强大	高效低功耗的音频功率放大器，高质量音频输出	数字音频放大，提供高音量和音质
使用场合	音乐播放器、语音提示器等	小型Arduino音响项目	音乐播放器、音频处理等	数字音频信号转换为模拟音频输出等	音乐播放器、语音提示器等
技术特点	通过串口通信与Arduino主板连接，使用DFPlayer Mini库实现功能控制	直接连接SD卡存储音频文件，通过串口命令实现音频文件播放	通过SPI接口与Arduino主板通信，实现更复杂的音乐播放和音频处理功能	通过I2S接口与Arduino主板连接，具有高质量音频输出和低噪音的特点	通过Arduino的数字引脚控制音频的播放，采用低功耗设计，操作简单

在"怕光的大鹅"项目的设计中，我们选择了Keyes 8002音响模块作为音效控制模块。这是一种常用的Arduino音响播放模块，具有数字音频放大特性，能够将Arduino生成的数字音频信号放大输出，提供高音量和优质音质。其低功耗设计适合长时间运行的项目，有助于延长电池寿命或减少能源消耗。通过数字引脚控制，使用简便且可以通过Arduino的PWM引脚控制音频的音量和音调。该音响模块适用于各种Arduino项目，特别适合需要音频输出功能的项目，如音乐播放器和语音提示器。

综上所述，选择Keyes 8002音响模块作为音效控制模块，有利于实现"怕光的大鹅"项目中的音响播放功能，让用户能够通过改变光线强度来控制大鹅尖叫的音调，增加项目的趣味性和互动性。

4.4 项目设计实践

4.4.1 "怕光的大鹅"草图推演

产品采用大鹅的形状，注重突出鹅的特征，包括高耸的脖子和丰满的身体。整体的外形线条风格圆润，创造了简约而抽象的造型。大鹅的姿势是站立且伸颈咆哮的威胁姿态，给人一种凶狠感，使人联想到大鹅平时嚣张的模样，从而引发使用者与大鹅互动的欲望。

大鹅的脖子采用较长的曲线形状，向上伸展，强调鹅的威严和威胁姿态。产品的身体采用充实且圆润的曲线，使大鹅的身体显得饱满，增强其凶狠感。背部设计为平滑的面，减少过多的细节，以突出整体的简约和抽象感。整体外形线条简洁流畅，注重表现大鹅形象的关键特征，同时削减不必要的细节，以达到抽象和简约的设计效果（图4-3）。

这样的设计能够凸显大鹅的特点，通过其凶狠的姿态和抽象简约的外形，吸引使用者与其互动，并激发他们与大鹅的互动欲望。用户可以通过与这样的大鹅形象互动，体验其中蕴含的刺激和乐趣。

图4-3 "怕光的大鹅"造型草图

4.4.2 原型设计

"怕光的大鹅"项目的原型设计注重外观、电源与充电、功能三个方面。外观设计选择大鹅的特征，包括高耸的脖子和丰满的身体，以突出大鹅的独特魅力。整体外形线条采用圆润的设计，创造了简约而抽象的造型。大鹅的姿势是站立且伸颈咆哮的威胁姿态，给人一种凶狠感，使人联想到大鹅平时嚣张的模样，从而引发使用者与大鹅互动的欲望。为了实现项目的功能，我们在大鹅的身体部分巧妙地隐藏了光敏传感器，使其看起来更加美观和整洁。同时，在大鹅的脖子下部分安装了音响模块，用于产生音调。光敏传感器模块和音响模块通过 Arduino 单片机进行连接，实现光照参数与音调高低的联动效果（图4-4）。

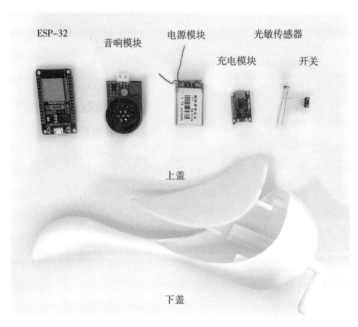

图4-4 壳体部分设计

在电源与充电方面，我们将 Arduino 单片机和音响模块连接到电源供电模块，使用合适的锂电池以满足组件的电压和电流要求。集成充电模块支持 Type-C 接口，方便用户通过常见的充电器或电脑 USB 端口进行充电。同时，在前面预留了充电接口，方便用户连接充电器。

总的来说，"怕光的大鹅"项目的原型设计注重表现大鹅的特点和威严姿态，同时隐藏了光敏传感器和音响模块，保持了整体的美观和简约性。通过光敏传感器和音响模块的联动，使得用户与大鹅项目的互动更加有趣和愉悦。

具体代码逻辑如图4-5所示。

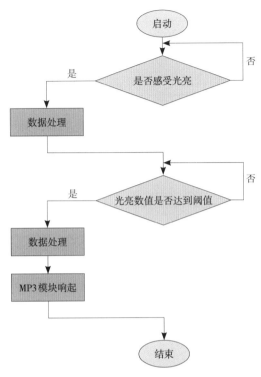

图4-5 本设计的交互逻辑图

4.4.3 材料清单

完成本项目所用到的元器件及其数量如表4-4所示。

表4-4 "怕光的大鹅"元器件清单

元器件/测试仪器	数量
5506光敏传感器	1个
Keyes 8002音响	1条
ESP-32	1个
开关	1个
充电模块	1个
电池	1个
外壳（3D打印件）	3个
杜邦线	若干

4.4.4 接线设置及电路图

图中黑色的接线为负极，红色的接线为正极，如图4-6、图4-7所示。

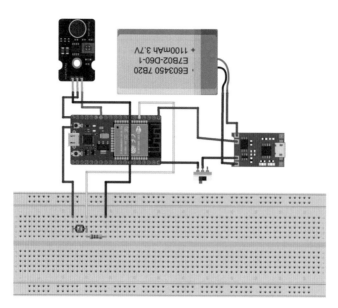

图4-6 "怕光的大鹅"接线图

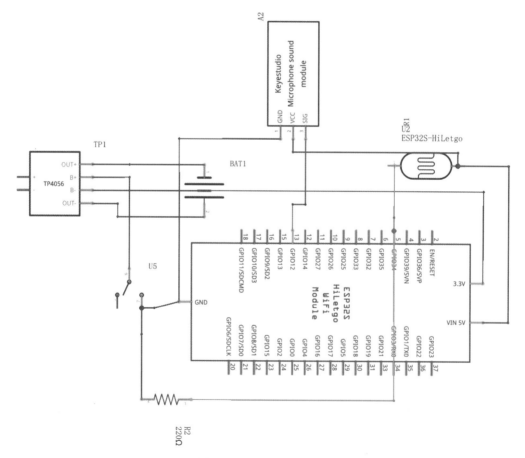

图4-7 "怕光的大鹅"电路图

4.4.5　代码及电路图

```
int lightSensorPin = 34;    // 光敏电阻引脚
int buzzerPin = 12;              // 喇叭引脚

void setup() {
  pinMode(lightSensorPin, INPUT);   // 设置光敏电阻引脚为输入模式
  pinMode(buzzerPin, OUTPUT);        // 设置喇叭引脚为输出模式

  Serial.begin(9600);   // 初始化串口通信，波特率设置为9600
}

void loop() {
  int lightValue = analogRead(lightSensorPin);   // 读取光敏电阻的数值

  if (lightValue > 100) {   // 当光照高于100时
    int frequency = map(lightValue, 0, 4095, 200, 2000);   // 将数值映射到喇叭的频率
    tone(buzzerPin, frequency);   // 发送频率控制信号给喇叭
  } else {
    noTone(buzzerPin);   // 光照低于100时关闭喇叭
  }

  Serial.println(lightValue);   // 将光敏传感器的数值打印到串口监视器

  delay(400);   // 延迟一段时间，可以根据需要调整
}
```

4.5　效果展示

内部接线效果如图4-8所示。

（1）

（2）

图4-8　内部接线图

实物拍摄效果如图4-9所示。

 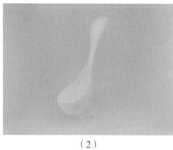

（1）　　　　　　　　　　　　　（2）

图4-9　实物拍摄图

场景效果效果如图4-10所示。

图4-10　场景效果图

第 5 章

桌面音乐喷泉

5

5.1　项目概述

音乐喷泉是一种集美感和音乐为一体的现代生活休闲娱乐设施，1930年德国发明家奥图皮士特首次提出喷泉概念并建造了小型喷泉，现在逐渐发展成为浪漫闲适的娱乐项目。近年来，随着公共基础设施的不断完善，作为娱乐休闲产业的主流项目，很多大型户外音乐喷泉受到人们的喜爱。

由于地域和面积的限制，只能在平面上呈现喷泉的外观，不可能随时随地观看音乐喷泉，也不能带来临场的感觉。为此，设计者设计了基于Arduino UNO的室内小型音乐喷泉。本章节的桌面小型喷泉将一个大型的户外展览作品浓缩成小规模的工艺展品，供孩子学习玩耍。

小型音乐喷泉具有美学上的观赏价值和实用性，在各种水景喷泉中，喷泉对居住环境有装饰和点缀功能，因此本音乐喷泉可以为人们在闲暇时提供减压的作用，因喷水过程中产生的水雾可以润湿周围空气，降低灰尘和空气温度，喷出的水滴撞击时产生大量负氧离子，对人体健康有益，因此同时具有充分展现美化和环保的功能。

5.2　设计理念

5.2.1　产品概念

喷泉设计是以简洁明快、高低错落、层次分明、气势恢弘而又多变的喷泉造型，将不断变换的水景带给观众不同的、美好的感受。在设计思路上，这款Arduino喷泉的基本思想是从任何外部声源（如移动设备、iPod、PC等）接收输入，对声音进行采样并将其分解为不同的电压范围，然后使用输出打开各种继电器。我们首先使用基于电容麦克风的声音传感器模块在声源上执行以将声音分成不同的电压范围。然后将电压馈送到运算放大器，以将声级与特定限制进行比较。较高的电压范围将对应于继电器开关ON，其包括对歌曲的节拍和节奏进行操作的音乐喷泉。本次使用Arduino和声音传感器制作这个音乐喷泉，主要考虑了整座喷泉效果，在播放音乐或拍手时水花溅起、灯光相融、彼此生辉。在音乐喷泉中，技术工艺水景是"物"，理念是"魂"。音乐喷泉其实就是在程序控制喷泉的基础上加入音乐控制系统，计算机通过对音频信号的识别，进行译码和编码，将信号输出到控制系统，变频器控制水泵的压力随音乐节奏的变化来控制水柱，最终使喷泉的造型及灯光的变化与音乐保持同步，从而达到喷泉水型、灯光及色彩的变化与音乐情绪的完美融合，使喷泉表演更加生动更加富有内涵，体现了水的艺术。

5.2.2　创新阐述

基于 Arduino 交互技术，本小型喷泉将一个大型的户外展览作品浓缩成小规模的工艺展品，采用海洋生物外形，结合现代科技 LED 灯光效果和声控开关交互方式，营造出艺术化、生态化、和谐化，以及科技感的景色，丰富了传统喷泉的交互方式，采用更加简单的声控交互。外观设计上采用仿生设计，仿生设计是进行儿童玩具设计非常重要的一种设计方法，结合儿童的心理特点，完成能够帮助儿童发展运动能力，激发联想，促进智力发展的玩具设计，增加玩具设计的趣味性，为儿童身心成长提供帮助。

5.2.3　知识点

（1）声音传感器模块

声音传感器（图 5-1）的作用相当于一个话筒（麦克风）。它用来接收声波，显示声音的振动图像，但不能对噪声的强度进行测量。该传感器内置一个对声音敏感的电容式驻极体话筒。声波使话筒内的驻极体薄膜震动，导致电容的变化，而产生与之对应变化的微小电压。这一电压随后被转化成 0~5V 的电压，经过 A/D 转换被数据采集器接受，并传送给 Arduino UNO。

图 5-1　声音传感器模块

声音传感器模块特点：

①使用 5V 直流电源供电（工作电压 3.3~5V）。

②有阀值翻转电平输出 DO，高 / 低电平信号输出（0 和 1）。

③具有高灵敏度，驻极体电容式麦克风（ECM）传感器。

④可以检测周围环境的声音强度，使用注意：此传感器只能识别声音的有无（根据震动原理）不能识别声音的大小或者特定频率的声音。

模块使用说明：

①声音模块对环境声音强度最敏感，一般用来检测周围环境的声音强度。

②模块在环境声音强度达不到设定阈值时，OUT 输出高电平，当外界环境声音强度

超过设定阈值时，模块OUT输出低电平。

③小板数字量输出OUT可以与Arduino UNO直接相连，通过单片机来检测高低电平，由此来检测环境的声音。

④小板数字量输出OUT能直接驱动继电器模块，由此可以组成一个声控开关。本文便是结合继电器组成声控开关，控制水泵工作。

（2）5V继电器模块

继电器是一种电控制器件，是当输入量（激励量）的变化达到规定要求时，在电气输出电路中使被控量发生预定的阶跃变化的一种电器（图5-2）。它具有控制系统（又称输入回路）和被控制系统（又称输出回路）之间的互动关系。通常应用于自动化的控制电路中，它实际上是用小电流去控制大电流运作的一种"自动开关"。故在电路中起着自动调节、安全保护、转换电路等作用。

图5-2　5V继电器模块

继电器模块接口如图5-3所示。

NC：常闭端；NO：常开端；COM：公共端；VCC：电源正极5V;GND：电源负极;IN：信号输入端。

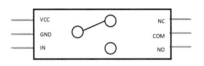

图5-3　继电器模块接口

继电器通常可以用于弱电驱动强电,低电压驱动高电压,左侧为弱电电路控制端,右侧为强电电路控制端。左端VCC为弱电电路正极，GND为弱电电路负极，IN为弱电电路信号引脚。右端NC为常闭端，NO为常开端，COM为公共端，一般情况下NC是闭合，当IN收到信号是低电平信号，接向NO，形成闭合回路，左端电路开始工作。当IN端给高电平时，NO端断开，接向NC，负载即停止工作。

本实验中Arduino连接一个高低电平的5V继电器，继电器VCC接面包板正极，GND接面包板负极，IN接到Arduino的数字输出引脚D10，NO连接水泵红色线，COM连接面包板正极，水泵黑色线接面包板负极，当声源高于阈值时，继电器为低电平，NO闭合，水泵抽水喷水，当声源低于阈值时，继电器为高电平，NO断开，水泵不抽水。

（3）直流泵

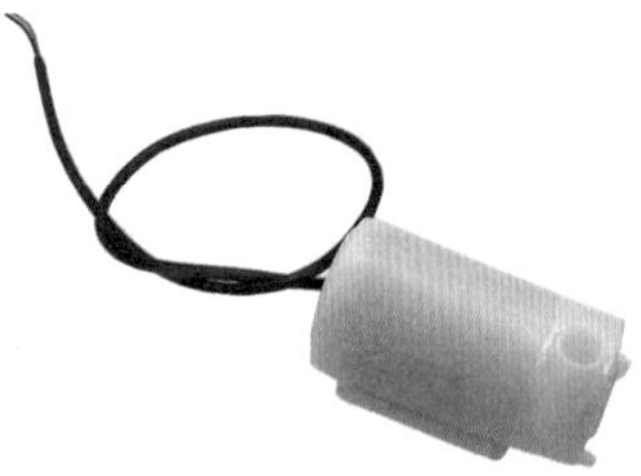

无刷直流水泵是指用直流电作为驱动动力，通过控制板，驱动电机带动叶轮运转，利用压力实现液体介质的进入与流出，从而达到传输液体介质的一种水泵（图5-4）。无刷直流水泵主要是应用在咖啡机、碳酸饮料机、果汁机、厨下式净饮机等。无刷直流水泵采用低压直流电，体积小，重量轻，电机与输送介质完全隔离，采用静密

图5-4　DC5V小水泵卧式

封设计，不易泄露。

音乐喷泉工作状态时的电流方向为从电源正极流出，经过继电器和水泵从电源负极流入，从而使工作电路形成回路，即水泵开始工作。

（4）报错处理

在Arduino编译器中，上传时报错会出现：avrdude: ser_open(): can't set com-state for "\.\COM10"上传失败：上传错误：exit status 1

尝试以下办法仍然未解决：

重新拔插、重新安装Arduino以及CH340驱动；

Aruino官网论坛中提供的办法，按下开发板的RST键。

最终解决办法：

①先把安装在电脑上的CH340驱动卸载并删除（图5-5）。

图5-5 驱动卸载

②重新扫描硬件，任务管理器中可查看到USB2.0-Ser!（图5-6）。

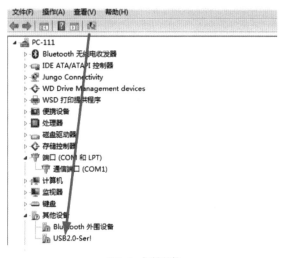

图5-6 扫描硬件

③下载usb_ch341_3.1.2009.06版本的CH340驱动。

④下载完成后，解压出来。如图5-7所示，手动更新驱动程序，不能点击解压出来后的EXE自动更新，经过测试自动更新不一定能成功。

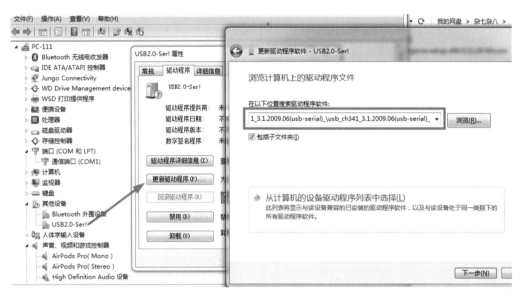

图5-7　更新驱动程序

⑤更新后又可以正常显示了（图5-8）。

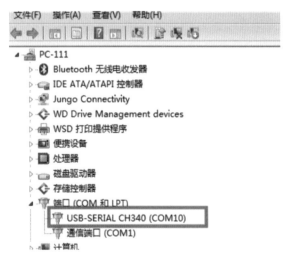

图5-8　端口正常

⑥这时打开Aruino上传，就可以上传了。

5.3　项目调研

5.3.1　用户、场景、需求分析

用户分析：3~6岁爱玩的儿童

场景：居家休闲玩具

需求分析：3~6岁的儿童正处于探索世界、贪玩的年龄，这个年龄段孩子的成长需要大量的玩具陪伴，玩具能够激发儿童好奇心和学习的动力。益智类和手工类玩具儿童培养动脑和动手能力的主要类型，需求量大。对于3~6岁的孩子，一般的玩具难以满足其需求，而少儿交互玩具可以让孩子在游戏的过程中学习新知识，开发大脑。它可以满足在家自学或者培养孩子逻辑思维、专注力、抽象思考能力、空间思考能力的需求。所以，交互玩具无论是实用性还是趣味性，比起一般的玩具都更胜一筹。

5.3.2　竞品分析

1.景盆喷泉摆件

景盆喷泉摆件结合了景盆和喷泉的特性，常常作为一种艺术装饰品使用（图5-9）。它们通常设计得非常精美，可以成为家庭、办公室或公共空间的焦点。

（1）人文思想

景盆喷泉的设计往往融入了很多文化和艺术元素。例如，在中国，景盆往往与山水画有关，寓意山水秀美、富贵吉祥。它们体现了人们对自然和谐生活的向往和敬仰。而喷泉通常代表着生活的活力和持续的流动，象征着生命的源泉和创新的力量。

图5-9　景盆喷泉摆件

（2）使用对象

景盆喷泉摆件的使用用户非常广泛，包括家庭、公司、酒店、餐厅、公共空间等。他们可能是艺术收藏家，或者只是想要为自己的空间增添一些美感和生活气息的普通人。

（3）使用场景

景盆喷泉摆件可以被放置在许多不同的场合，如客厅、书房、办公室、酒店大堂、花园等。他们可以作为室内或室外的装饰品，为这些空间增添一种宁静和美丽的氛围。

（4）意义价值

景盆喷泉摆件不仅是一种美丽的装饰品，也是一种象征和表达方式。他们可以反映出主人的品味和生活态度，也可以为人们提供一种沉思和放松的方式。同时，它们也可以作为一个对话的开端，引发人们对艺术、文化和生活的讨论和思考。在商业环境中，它们也可以作为一种展示公司形象和文化的工具。

（5）总结分析

景盆喷泉摆件是家庭、办公或公共空间的艺术装饰品。面向的用户是闲情雅致的成年人，不符合3~6岁儿童的喜好。而且一般价格昂贵，用来观赏居多，无法互动，无法满足儿童互动的需求。

2.猫咪饮水喷泉

猫咪饮水喷泉是专门为猫咪设计的喝水设备（图5-10），它能创造出流动的水源，以鼓励猫咪多喝水。

（1）使用对象

正如其名，猫咪饮水喷泉主要针对的是家养猫咪。然而，一些小型犬或者其他的小型宠物也可能使用这种喷泉。

（2）产品功能

猫咪饮水喷泉的设计目的是创造出一个持续

图5-10 猫咪饮水喷泉

的水流，以吸引猫咪的注意力并鼓励它们多喝水。这是因为猫咪通常喜欢喝流动的水，而不是静止的水。

除此之外，许多猫咪饮水喷泉还配有过滤系统，可以过滤出水中的杂质和气味，提供清洁、新鲜的饮用水。一些高级的模型甚至可能有温度控制功能，可以提供温水。

（3）价值意义

猫咪饮水喷泉的主要价值在于提供一个吸引猫咪的饮水方式，从而鼓励猫咪多喝水。这对猫咪的健康非常重要，因为猫咪容易发生脱水，而脱水可能导致一系列的健康问题，包括肾脏疾病等。除了对猫咪的健康有益，猫咪饮水喷泉也可以使主人的生活更方便。例如，土人不再需要频繁地更换猫咪的饮水碗，也可以确保猫咪即使主人不在家也能喝到清洁的水。

（4）总结分析

猫咪饮水喷泉虽然采用和音乐喷泉相似的技术，但它是一款为解决猫咪喝水问题的产品。本产品没有与人友好的交互方式，因此在结合猫咪喷泉技术基础上，加入一些交互方式，重新设计外观造型，可使其对儿童更有吸引力。

3.宝宝戏水电动喷水玩具

宝宝戏水电动喷水玩具是一种专门为小朋友设计的玩具，这些玩具能在水中喷射水流，为宝宝在浴缸、游泳池或户外水玩设施中玩耍提供额外的娱乐（图5-11）。

图5-11　宝宝戏水电动喷水玩具

（1）使用对象

这些玩具通常为幼儿和学前儿童而设计，尤其是那些已经能在成人监护下安全玩水的孩子。

（2）产品功能

宝宝戏水电动喷水玩具的主要功能是在水中喷射水流。一些玩具可能有特殊的特性或额外的互动元素，如可以旋转、带有各种形状的水流或发出声音等。这些玩具通常是防水的，使用电池驱动。

（3）使用技术

这些玩具的工作原理主要基于电动马达和泵的运作。当你把玩具放在水中并打开电源，电动马达会运作，驱动泵把水从玩具内部吸入，然后喷射出来。玩具的设计通常会保证电池和电动部件不会接触到水，从而保证安全。

（4）价值意义

宝宝戏水电动喷水玩具的主要价值在于为宝宝提供一种有趣的、互动的玩水体验。玩水可以帮助孩子熟悉水，这是他们学习游泳的第一步。此外，玩这类玩具还可以帮助孩子发展精细动作技能和手眼协调能力。这些玩具还可以激发孩子的好奇心，促进他们对世界的探索，甚至激发他们对科学（如力和运动）的早期兴趣。

（5）结论分析

宝宝戏水电动喷水玩具和音乐喷泉使用了相似的技术，在外观设计上比景盆喷泉摆件更符合小孩子的喜好，颜色靓丽，采用的形象大多是卡通动物，值得借鉴。

5.4　项目设计实践

5.4.1　设计过程

1.音乐喷泉造型设计

（1）方案一

随着音乐的节拍，水泵有节奏地喷出水柱，再配上红蓝灯光的闪烁，这便是音乐喷泉实现的全过程。然而水的变化形式只有水柱未免显得太单调，为了展现水的形式的丰富性，联想到了叠水流动，水流被水泵挤压喷出水面，顺着中间空管道直上，在最上的平台处散落，顺势而下，落在第二层平台上，由于上下两个平台的高低差，使得水错落有致，展现了递进式的层次之美，这时细听清脆悦耳的潺潺流水，给人以回归自然的享受。在水流落回到最底层时，水波涟漪，水花荡漾。为了防止水花溅开，将最低处的托台边缘调高，为了促使水循环，在第二层平台下边缘开空槽，再结合变化的灯光（图5-12）。

建好模型后，由于受水柱高度限制，只有两层叠水平台，在外观上略显单调，联想到儿童戏水玩具的设计，决定外观上采用仿生设计（图5-13）。

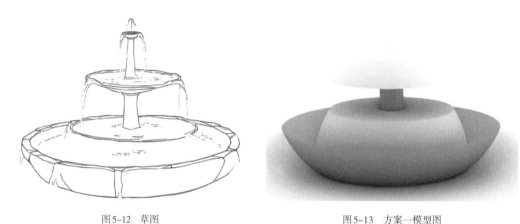

图5-12　草图　　　　　　　　　　　　　　图5-13　方案一模型图

（2）方案二

一说起鲸鱼，孩子们最先会想到的是鲸鱼会喷出高高的水柱。所以借用这一想法，将水泵放置在鲸鱼的肚下，当孩子们鼓动手掌或播放音乐时，鲸鱼就会激起水花与孩子们互动。相比方案一，外观设计上更加可爱，设计理念上符合自然生物的习性，使得儿童亲近自然生物，更能激发儿童想象力（图5-14~图5-16）。

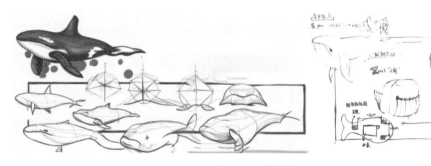

图5-14　草图推演

图5-15　方案二模型图（1）　　　　　　图5-16　方案二效果图

考察方案二模型图可知该方案未考虑电器件摆放空间，为了防止电器遇水损坏，水槽内只得放置水泵无法放置以外的电器，因此在水槽底部设计一个空槽以放置其他不能碰水电器。修改的方案如下图所示（图5-17~图5-19）。

图5-17　方案二模型图（2）　　　　　　图5-18　方案二后视图

图5-19　方案二四视图

2.音乐喷泉与Arduino的结合

Arduino作为一款便捷灵活、方便上手的开源电子原型平台，具有良好的开源环境、高性价比、跨平台可在多个操作系统上运行、具有简单清晰的编程环境、丰富的可扩展软件及硬件等优势。凭借其简单易用的用户体验，Arduino已用于数千个不同项目和应用程序中，给交互产品带来了更多的可能性。因此 Arduino 与喷泉的结合，将大型室外场景下的音乐喷泉带入人们日常生活，将音乐可视化，增加人与喷泉的互动，增添了人们听音乐的乐趣。通过千变万化的喷泉造型，结合五颜六色的采光照明，音乐喷泉反映了音乐的内涵及主题，为人们在城市的夜晚增添一份美轮美奂的视觉和听觉盛宴。

5.4.2 设计要素

1.工作原理

设置声音传感器为 UNO 板输入，WS2812 灯带以及继电器为输出，并且设置声音传感器的感应阈值为150，当声音大于150时，sensor INPUT 输入高电平，灯带上的 LED 灯逐个点亮，此时设置继电器为低电平，NO 常开端关闭，水泵工作，鲸鱼喷出水柱；当声音小于150时，sensor INPUT 输入低电平，灯带上 LED 灯全部灭掉，此时设置继电器为高电平，NO 常开端打开，水泵停止工作，鲸鱼不喷出水柱（图5-20）。

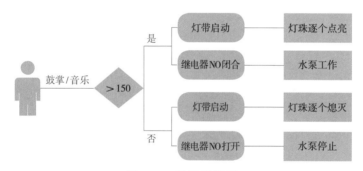

图5-20 工作原理逻辑图

2.材料清单

所需材料如下所示（表5-1、图5-21）。

表5-1 材料清单

型号	实物图片	个数	成本	尺寸/mm	优势
Arduino UNO		1	26.80元	68.6 × 53.5	扩展性强，易开发
5V 继电器模块		1	4.30元	50 × 25	反应灵敏，可控制性强
DC5V 水泵		1	13.80元	42.6 × 23.9	马达动力强

续表

型号	实物图片	个数	成本	尺寸/mm	优势
WS2812灯带		1	13.50元	30LEDs/M	可按需裁剪，颜色可控制
声音传感器		1	4.40元	35×15	对声音强度敏感
9V直流电源		1	6.50元	48×24.5	体积小，方便携带

图5-21 零件图

3. 接线设置

图5-22中黑色的接线为负极，红色的接线为正极。

声音传感器信号口（OUT）接Arduino UNO主板A5口，正极（VCC）接主板3.3V口，负极（GND）接主板GND（图5-23）。

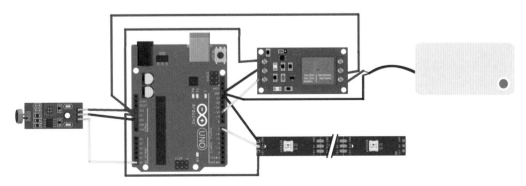

图5-22 音乐喷泉硬件接线图

WS2812灯带信号口（IN）接Arduino UNO主板数字输入7号口，灯带正极（VCC）接主板5V口，负极(GND)接主板GND（图5-24）。

继电器信号口（IN）接主板数字10号口，继电器正极接Arduino UNO主板5V口，继电器负极接主板GND，继电器NO口连接水泵正极，继电器COM连接Arduino UNO主板5V口，水泵负极连接主板GND（图5-25）。

图5-23　声音传感器

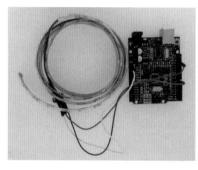

图5-24　WS2812灯带

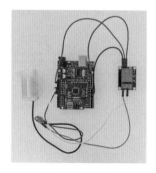

图5-25　继电器

4.代码编写

程序的第一部分是声明必要的变量，以分配我们将在程序的下一个块中使用的引脚号。然后定义一个常数REF，其值是声音传感器模块的参考值。分配值150是声音传感器的输出电信号的字节等效值。

```
#include<FastLED.h>
#define LED_PIN 7
#define NUM_LEDS 10
CRGB leds[NUM_LEDS];
int sensor = A5;
int pump = 10;
#define REF 150
```

在无效设置功能中，我们使用了pinMode函数来分配引脚的INPUT / OUTPUT数据方向。在这里，传感器被视为输入，所有其他设备均被用作输出。

```
void setup()
{
    pinMode(sensor,INPUT);
    FastLED.addLeds<WS2812,LED_PIN,GRB>(leds,NUM_LEDS);
      FastLED.clear();
      FastLED.show();
    pinMode(pump,OUTPUT);
    Serial.begin(9600);
}
```

在无限循环，调用了analogRead函数，该函数读取从传感器引脚输入的模拟值并将其存储在变量sensor_value中。

```
int sensor_value = analogRead(sensor);
```

在最后一部分中，使用if-else循环将输入模拟信号与参考值进行比较。如果大于参考值，则WS2812D灯珠逐个点亮，Pump引脚被赋予LOW输出，从而所有LED和Pump均被激活，否则一切保持OFF。在这里，我们还给出了300毫秒的延迟，以区别继电器的ON / OFF时间。

```
if(sensor_value> 150)
  {
    Serial.println("pump on");
    digitalWrite(pump,LOW);
    delay(300);
    for (int i=0; i<NUM_LEDS; i++ ){
    leds[i] = CRGB (50, 100, 200);
    FastLED.setBrightness(4*i);
    FastLED.show();
    delay(550);
    }
  }

  else
  {
    Serial.println("pump off");
    digitalWrite(pump,HIGH);
    delay(100);
    for (int i=NUM_LEDS;i>=0;i-- ){
    leds[i] = CRGB (0, 0, 0);
FastLED.show();
    }
  }
 }
```

完整代码：

```
#include<FastLED.h>   //导入库
#define LED_PIN 7  //灯带的输出引脚街道Arduino的数字输出引脚7
#define NUM_LEDS 10  //灯带上使用的灯珠个数设置为10
CRGB leds[NUM_LEDS];
int sensor = A5;  //声音传感器模块的输出引脚连接到Arduino的模拟输入引脚A5
int pump = 10;  //继电器模块的输出引脚连接到Arduino的数字输出引脚10
#define REF 150;  //定义一个常数REF,其值是声音传感器模块的参考值。分配值150是声音传
```

感器的输出电信号的字节等效值

```
void setup()
{
// 使用了pinMode函数来分配引脚的INPUT / OUTPUT数据方向,声音传感器为输入,灯带和继电
器设为输出
  pinMode(sensor,INPUT);
  FastLED.addLeds<WS2812,LED_PIN,GRB>(leds,NUM_LEDS);
  FastLED.clear();
  FastLED.show();
  pinMode(pump,OUTPUT);
  Serial.begin(9600);
}


void loop()
{
    // 在无限循环内,调用了analogRead函数,该函数读取从传感器引脚输入的模拟值并将其存储
在变量sensor_value中
    int sensor_value = analogRead(sensor);
// 使用if-else循环将输入模拟信号与参考值进行比较。如果大于参考值,则灯带上的灯珠逐个亮
起,Pump引脚被赋予LOW输出,继电器NO闭合,水泵开;否则一切保持OFF,延迟300ms以区别继电器的
ON/OFF时间
    if (sensor_value>150)
    {
    Serial.println("pump on");
    digitalWrite(pump,LOW);
    delay(300);
    for (int i=0; i<NUM_LEDS; i++ ){
    leds[i] = CRGB (50, 100, 200);  // 设置灯光RGB数值,红色50,绿色100,蓝色200
    FastLED.setBrightness(4*i);  // 设置灯光亮度
    FastLED.show();
    delay(550);
    }
    }
  else
    {
    Serial.println("pump off");
    digitalWrite(pump,HIGH);
    delay(100);
    for (int i=NUM_LEDS;i>=0;i-- ){
    leds[i] = CRGB (0, 0, 0);  // 设置灯光RGB数值,红色0,绿色0,蓝色0
    FastLED.show();
    }
    }
  }
```

5.5　效果展示

图5-26为音乐喷泉未工作状态，先将所有电器件接好线，把声音传感器、继电器、9V直流电源和Arduino UNO主板塞入音乐喷泉下方空槽中，接线中最好用胶带绑定接口防止接口松动，设备无法工作。因为线路较多易杂乱，可以用胶带绑定接线，方便内部硬件拿出检查。其次将5V水泵放置在鲸鱼喷水孔下方，若无法对其小孔，可在水泵喷头套上软水管插入鲸鱼喷水孔，WS2812灯带选择滴胶防水款，此款灯带背面有胶可粘贴喷泉壁上，灯带的接线口要抬高避免没入水里，用胶水固定水泵和灯带的接线，这样所有的电器件和线路部署完毕。

图5-26　音乐喷泉未工作状态

本次选用的WS2812灯带，颜色变化丰富，每个LED的RGB数值分别可从0~255调控搭配出千变万化的色彩，本次设置的灯光RGB数值为红色50、绿色100、蓝色200，某方数值越大，整体色彩越靠近该色系而且饱和度越高，因此本实践中灯带颜色整体呈现浅蓝色。初始值为红50、绿色0、蓝色0，灯带无颜色；红255、绿色0、蓝色0，呈现血红色；红0、绿色255、蓝色0，呈现翠绿色；红0、绿色0、蓝色255，呈现宝石蓝色。因此根据光的三原色原则可以搭配出各式各样的灯光，如红150、绿色0、蓝色150，呈现紫色，大家可根据自身喜好，多尝试不同风格的音乐喷泉（图5-27、图5-28）。

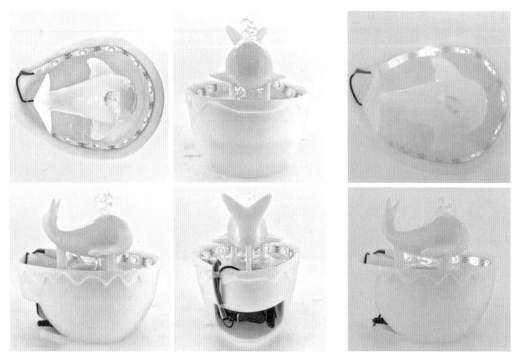

图5-27 蓝色音乐喷泉　　　　　　图5-28 粉色音乐喷泉

第 6 章

"复古小电视"
——温湿度检
测器

6.1　项目概述

随着现代社会的不断发展，人们对室内环境舒适性和健康问题日益重视。室内温湿度是影响人们生活和健康的两个重要因素。在过去，由于传感器技术和监测设备的限制，对于室内温湿度的监测和调控并不十分普及。然而，随着科技进步和环境意识的提高，室内温湿度检测器的研究和应用逐渐成为研究的焦点。

研究表明（图6-1），最舒适的家居温度区间是21~25℃，湿度区间是45%~55%。在这两个区间内，人体感受最舒适，细菌活性最低，所以在家居中最好常备以下几件电器：温湿度计、除湿机、加湿器、空气净化器和空调，以保持健康舒适的室内环境。

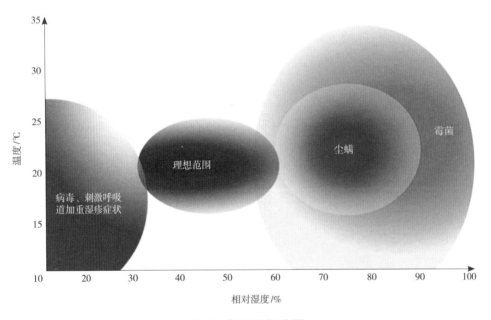

图6-1　家居温湿度区间图

所以设计一个室内温湿度检测器，能够实时监测和记录室内温湿度水平。通过该检测器，可以及时获得室内环境的温湿度数据，为改善室内空气质量、提高生活舒适度和保障健康提供依据。通过生活测温湿产品和编程的结合与应用，希望能够对日常生活这一领域作出一定的贡献。综上所述，本设计是针对室内设计的一款智能测温湿度器，结合环境学知识与Arduino编程技术，有效提升日常生活质量和安全，降低由于环境原因导致的患病率。

6.2 设计理念

6.2.1 产品概念

本研究以检测温湿度的基本功能为起点，设计一款复古小电视外型与现代技术相结合的温湿度传感器，配备 OLED 屏幕显示功能。这款产品将传统与现代相结合，旨在提供用户一种别具特色的温湿度监测体验。

6.2.2 设计概述

该温湿度传感器的外观设计灵感来源于复古小电视的外型，外壳采用复古造型、弧线和复古色彩，给人以怀旧的感觉。小巧尺寸让它可以轻松放置在桌面、书架或床头柜上，成为室内的装饰品。内部配备高精度的温湿度传感器，可以实时监测室内温度和湿度的变化，用户可以通过 OLED 屏幕查看当前的温湿度数据。传感器的采样频率和精度都能够满足日常生活和工作的需求。产品正面配备一块 OLED 屏幕，通过高对比度、高清晰度的显示，将温湿度数据以简洁美观的方式呈现给用户。OLED 屏幕的自发光特性使得在数据低光环境下也能清晰可见，同时节能高效。

6.2.3 创新阐述

随着物联网技术的迅速发展，智能生活产品领域快速崛起。许多国内外公司正在进行大规模的研发创新，尤其在智能家居方向上投入较多。然而，针对小型产品领域的相关研究较为有限。因此，本研究的创新点在于设计一款复古小电视外型的温湿度传感器，结合传统的复古设计与现代的温湿度监测技术，通过 OLED 屏幕显示功能，让用户在怀旧的同时享受到现代科技带来的便捷和美观。它将成为用户生活中的一款实用工具和时尚装饰，为室内环境的舒适和健康保驾护航。

6.2.4 知识点

（1）DHT11温湿度传感器

本设计主要使用的是 DHT11 温湿度传感器，以下是对该传感器的基本认知。

①基本原理：DHT11 传感器使用一个电容式湿度传感器和一个 NTC（负温度系数）热敏电阻来测量环境的湿度和温度。传感器内部的电路将湿度和温度转换为数字信号输出。

②工作原理：DHT11传感器通过测量空气中的湿度对电容进行变化测量，同时使用热敏电阻来测量温度。它通过将电容的变化和热敏电阻的阻值转换为数字信号，并通过单线串行通信协议输出给外部设备。

③电气特性：DHT11传感器的工作电压范围为3V至5.5V，具有低功耗和稳定的性能。其输出数据为数字信号，通过单总线数据线进行传输。温度测量范围为0℃至50℃，湿度测量范围为20%RH至90%RH。

④数据格式：DHT11传感器输出的数据以二进制形式进行传输，每次传输包括40位数据。其中，前16位为湿度数据，接着的16位为温度数据，最后8位为校验和，用于验证数据的正确性。

⑤使用注意事项：在使用DHT11传感器时，需要注意避免电气干扰、防止过高的电压输入和错误的连接。传感器的采样频率一般在1秒以上，较高的采样频率可能导致测量不准确。此外，由于传感器响应速度较慢，从获取数据到稳定通常需要2秒以上。

⑥应用领域：DHT11传感器广泛应用于家庭自动化、室内温湿度监测、气象站、温室控制、仓储设备、工业自动化等领域。其简单的接口和低成本使其成为初学者和爱好者常用的温湿度传感器。

（2）Arduino

温湿度小电视的设计涉及以下Arduino知识点。

①引脚连接：了解Arduino开发板的引脚布局，将温湿度传感器正确连接到适当的引脚，以及可能需要的其他外部组件的连接。

②模拟信号读取：了解如何使用Arduino的模拟输入引脚来读取传感器输出的模拟信号，如DHT11或DHT22的温湿度数据。

③数字信号读取：在一些情况下，了解如何使用数字输入引脚来读取传感器输出的数字信号，例如传感器是否触发或超过阈值。

④库函数的使用：熟悉并使用适当的库函数来与温湿度传感器进行交互，例如Adafruit DHT库，以便读取和解析传感器的数据。

⑤数据处理：学会处理从传感器读取的原始数据，如温度和湿度值的解释和计算。

⑥串行通信：了解如何使用串行通信（例如串行监视器）来输出温湿度数据或其他调试信息。

⑦用户界面设计：学会在需要时通过LED、LCD屏幕等创建用户界面，以直观地显示温湿度数据。

⑧编程概念：掌握编程概念如变量、函数、循环、条件语句等，以编写有效且易于理解的代码。

这些Arduino知识点将帮助您实现温湿度小电视的功能并确保其稳定性和可靠性。

6.3 项目调研

温湿度检测在家庭、农业、医疗、电子设备、食品加工等众多领域中发挥关键作用。它帮助维持舒适的居住环境、优化农作物生长、确保药品质量、防止设备过热、维护食品安全等，有助于提高生活质量、产品质量和环境安全性。现有包含温湿度检测功能的产品有很多种，以下是一些常见的类型以及它们的优点和缺点（表6-1）。

表6-1 竞品分析

类型	适用场景	外形造型	功能	优点	缺点
数字式湿度计	家庭、办公室	数字显示屏，现代设计	温湿度读数，数据记录，可能有无线连接	精准度高，易读，附加功能	需要电源或电池，成本可能较高
模拟式湿度计	家庭、办公室	传统圆形设计，指针指示	基础温湿度读数	无需电源，耐用，装饰性	精准度较低，无附加数据功能
智能家居传感器	智能家居系统	可与其他智能设备集成的设计	远程监控和控制，智能家居集成，定制警报	远程监控，可集成到家居自动化系统	需要兼容的智能家居系统，成本较高
便携式迷你湿度计	特定小空间如吉他箱或雪茄盒	小巧便携	基础温湿度读数	高度便携，特定用途	功能有限，应用范围狭窄

根据上述的产品市场调研，制作一款复古小电视机造型的便携桌面温湿度摆件是一个具有创新性和市场潜力的想法。

首先，独特的复古造型与市场趋势相结合。市场上的模拟式湿度计通常采用传统设计，而数字式湿度计则呈现现代外观。复古小电视机的设计可以吸引那些喜欢复古风格但又寻求现代功能的消费者。这种结合复古美学与现代技术的产品在市场上是相对罕见的，可以为特定消费群体提供新颖选择。其次，便携性与功能性相结合。根据调研，便携式迷你湿度计因其便携性和特定用途而受到欢迎。将这种便携性与一个吸引人的、具有装饰性的复古小电视机造型结合起来，可以提高产品的吸引力，并扩大其适用场景，如家庭、办公室甚至咖啡馆等公共空间。再次，可满足情感和实用需求。一个独特的复古设计，如小电视机造型，不仅满足了基本的温湿度监测功能，还能作为一件独特的艺术品增添室内装饰。这种设计可以引起消费者的情感共鸣，特别是对那些怀旧或对复古文化感兴趣的人群。最后，潜在的市场差异化。当前市场上的温湿度计产品往往注重功能性，较少考虑装饰性和个性化设计。通过推出复古小电视机造型的温湿度摆件，可以在市场上形成差异化，吸引那些寻求独特、个性化家居装饰品的消费者。

综上所述，这款复古小电视机造型的便携桌面温湿度摆件结合了市场上现有产品的优点，并通过其独特的设计和多功能性来满足不同消费者的需求。这样的产品不仅具有实用价值，还具有较高的市场吸引力和潜在的装饰价值。

6.4　项目设计实践

6.4.1　草图推演

　　这款复古小电视形状的Arduino产品设计灵感来源于复古电视机，以创造出一种独特的复古情怀。设计灵感取自古旧电视的外观，结合现代技术，形成一个与众不同的外观。产品的外观充满了怀旧感，通过经典的电视机造型和细节，营造出亲切感和温暖感觉。这个设计不仅仅是一个功能性的温湿度检测设备，更是一种情感共鸣，将过去与现在相融合，创造出独特的设计体验。并根据电视机小摆件的预期用途和场景，选择适当的尺寸和比例。尽量保持小巧玲珑的设计，以适应不同的展示空间和摆放位置（图6-2）。

图6-2　温湿度小电视概念草图

6.4.2　原型设计

温湿度小电视的原型构成包括温湿度传感器（如 DHT11 或 DHT22）和 Arduino 主控板，通过巧妙的集成和编程实现了温湿度数据的监测和表达（图 6-3~图 6-5）。传感器集成使其能够实时获取环境中的温度和湿度数据，这些数据通过 Arduino 进行接收、处理和计算。通过编程规则和条件的设定，当温湿度数值达到预设的阈值时，Arduino 将触发相应的操作。这个设计理念强调了温湿度数据的重要性，并通过技术的创新将其以直观的方式呈现给用户，以便更好地了解和管理环境条件。Arduino 作为核心控制器，负责数据处理和实时反馈，确保温湿度小电视的功能和交互性，从而提高了生活质量和环境安全。

图 6-3　温湿度小电视结构图　　　　图 6-4　温湿度小电视组装图　　　图 6-5　温湿度小电视内部结构图

6.4.3　材料清单

完成本项目所用到的元器件及其数量如表 6-2 所示。

表 6-2　CPR 温湿度小电视元器件清单

模块	元器件/测试仪器	数量
温湿度小电视	Esp-32	1 个
	DHT11 温湿度传感器	1 个
	OLED 液晶显示器	1 个
	ESP-32	1 个
	电池	1 个
	充电模块	1 个
	杜邦线	若干

6.4.4 接线设置及电路图

温湿度小电视接线图：图中黑色的接线为负极，红色的接线为正极（图6-6、图6-7）。

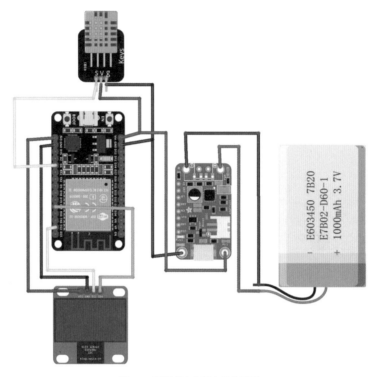

图6-6 温湿度小电视电路接线图

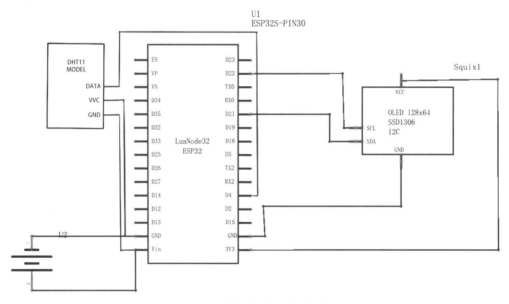

图6-7 温湿度小电视电路原理图

6.4.5 相关代码

```
#include <DHTesp.h>         // 引入 DHTesp 头文件
#include <U8g2lib.h>        // 引入 U8g2 头文件


U8G2_SH1106_128X64_NONAME_1_HW_I2C u8g(U8G2_R0, /* reset=*/ U8X8_PIN_
NONE); // OLED I2C通讯


#define DHTPIN 4           // 湿度传感器OUT接4号口（根据实际接线进行调整）
#define DHTTYPE DHTesp::DHT11   // 定义 DHT11 传感器


DHTesp dht11;              // 定义 DHTesp 对象
float HH;                 // 定义 HH 变量，用于储存湿度数据
float TT;                 // 定义 TT 变量，用于储存温度数据


void setup() {
  Serial.begin(9600);      // 串口波特率
  dht11.setup(DHTPIN, DHTTYPE); // DHTesp初始化
  u8g.begin();             // OLED初始化
}


void loop() {
  get_temp_humi();         // 获得温湿度子函数
  dis_play();              // OLED显示数据子函数
}


void get_temp_humi() {     // 获取温湿度数据子函数
  HH = dht11.getHumidity();   // 获得湿度
  TT = dht11.getTemperature(); // 获得温度
  Serial.print("Temp: ");   // 串口显示温湿度信息
  Serial.println(TT);
  Serial.print("Humi: ");
  Serial.println(HH);
}


void dis_play() {          // OLED数据显示子函数
  u8g.firstPage();         // OLED首页
  do {
    char buffer1[6];        // 定义字符buffer1（注意数组大小，足够存储转换后的字符）
    dtostrf(TT, 5, 2, buffer1); // 将温度浮点数转换为字符串并存储在buffer1中
    u8g.setFont(u8g2_font_6x10_tf); // 设置字体
    u8g.drawStr(25, 26, "Temp:");   // 第26行25列显示"Temp: "
    u8g.drawStr(70, 26, buffer1);   // 第26行70列显示温度数据
```

```
    char buffer2[6];        // 定义字符buffer2（注意数组大小，足够存储转换后的字符）
    dtostrf(HH, 5, 2, buffer2); // 将湿度浮点数转换为字符串并存储在buffer2中
    u8g.setFont(u8g2_font_6x10_tf); // 设置字体
    u8g.drawStr(25, 60, "Humi:");  // 第60行25列显示"Humi:"
    u8g.drawStr(70, 60, buffer2);  // 第60行70列显示湿度数据
  } while (u8g.nextPage());        // 执行配置
}
```

6.5　效果展示

温湿度小电视效果展示如下（图6-8~图6-10）。

图6-8　温湿度小电视实拍图（1）

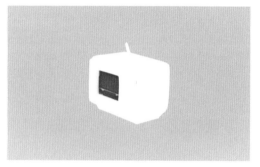

图6-9　温湿度小电视实拍图（2）

图6-10　温湿度小电视场景使用图

第 7 章

"信手拈来"
——智能消毒
洗手装置

7

7.1 项目概述

如今，人们使用消毒液的次数增多。在传统消毒液的使用方式下众多用户频繁按压喷嘴增加了病毒传播的机会。为此，基于万物互联互通的潮流发展趋势，针对传统洗手液的使用劣势，设计了一种基于Arduino的洗手液智能出液装置。该装置以 L 形亚克力板为洗手液载具，采用超声波测距模块和接近监测传感器模块作为人手感应单元；结合云端技术，使洗手液装置真正实现智能化。通过消毒产品和编程的结合与应用，希望能够对预防病毒感染这一领域作出一定的贡献。设计一款智能消毒器，结合人机工程学与Arduino编程技术，有效降低日常生活感染，提升日常消毒效率，降低消毒产品浪费率。

随着全球范围内传染病的流行和卫生标准的提高，这种装置的研究对于公共卫生和健康具有重要影响。自动消毒洗手液装置能够提高卫生标准。通过自动喷洒消毒洗手液，该装置可以确保每位使用者获得足够的洗手液量，从而有效减少细菌和病毒的传播。特别是在公共场所、医疗机构和食品行业等高危环境中，这种装置可以提供更高水平的卫生保障。自动消毒洗手液装置可以预防传染病的传播。洗手是最基本的卫生措施之一，而自动装置可以提供方便、快捷的洗手体验，鼓励使用者更频繁地洗手。通过添加杀菌成分，该装置可以有效杀灭细菌和病毒，降低传染病传播的风险。自动消毒洗手液装置还有助于节约资源。传统的洗手液使用方式可能导致浪费和污染，而自动装置可以通过精确的喷洒控制，避免过度使用洗手液，从而节约资源并减少环境影响。自动消毒洗手液装置提升了用户体验。具备智能感应功能的装置无需接触即可自动喷洒洗手液，提供方便、快捷、卫生的洗手过程。这样的设计能够增加用户的满意度，促进更多人积极参与洗手行为，进一步提升公共卫生水平。

自动消毒洗手液装置的研究具有重要的意义，它可以提高卫生标准、预防传染病传播、节约资源并提升用户体验。这种研究将有助于改善全球卫生状况，保护公众健康，并为相关领域的技术创新和发展提供重要的指导和参考。

7.2 设计理念

7.2.1 产品概念

以洗手液的基础功能为出发点，结合物联网的先进技术，通过查阅国内外大量的相关文献资料并对现有消毒产品和物联网技术的相关发展情况进行了调查研究,最后通过用户调研和目标需求分析以及市场相关竞品分析总结出智能洗手器的设计方向。

7.2.2　设计概述

该产品旨在为自动感应消毒液系统提供一种创新的、无接触的解决方案,通过智能超声波传感器和伺服电机控制,实现用户手部的自动感应并释放适量的消毒液,从而确保高效的消毒,降低传染风险,适用于医疗机构、商业场所和公共区域等卫生关键环境。

使用步骤操作如下。

①连接设备:首先,确保将 DOIT ESP32 DEVKIT V1 板、超声波传感器和伺服电机按照提供的接线图连接好,并连接到适当的消毒液供应。

②电源启动:上电启动 ESP32 系统,等待系统初始化完成。

③自动感应:当用户的手靠近传感器时,超声波传感器将检测到距离,并触发伺服电机控制系统。

④自动分发消毒液:伺服电机会根据检测到的距离自动释放适量的消毒液到用户手上,无须物理接触。

这个产品设计旨在提供高效、安全和无接触的消毒液分发方式,可广泛应用于医疗、商业和公共卫生领域,为用户提供卫生保障。

7.2.3　创新阐述

随着物联网技术的迅速发展,智能卫生物品这一领域也得到了迅速崛起,并且国内外很多相关公司都在进行大规模的研发创新,但是这些公司大多都以家庭医疗康健为研发方向,针对日常感染领域的相关研究较少,所以本次的创新点主要有以下三个方面。第一,通过设计智能洗手器这个终端将线上和线下连接,实现数据的实时反馈,从而引导医护人员养成一个良好的洗手消毒习惯。第二,提高医院院感科的工作效率,实现科学监管,大大节约人力资源和降低管理难度。第三,为医院以后实现大数据管理和云计算提供一定的数据支持。

7.2.4　知识点

超声波传感器(ultrasonic sensor)是一种常用的测距传感器。

①基本原理:超声波传感器利用超声波的发射和接收来测量目标物体与传感器之间

的距离。它通过发射超声波脉冲，并计算从发射到接收之间的时间差来确定距离。

②工作原理：超声波传感器包含一个发射器和一个接收器。发射器发出超声波脉冲，波束传播到目标物体并被反射回来。接收器接收到反射的超声波，并测量从发射到接收的时间间隔。

③传感器特性：超声波传感器的工作频率一般在20kHz~200kHz，常见的频率为40kHz。它的测量范围通常在几厘米到几米，具体的测量范围取决于传感器的型号和设计。

④数据输出：超声波传感器通过输出脉冲的方式提供测量距离的数据。脉冲的宽度与目标物体与传感器之间的距离成正比关系，可以通过测量脉冲的宽度来计算距离。

⑤精度和精确度：超声波传感器的测量精度取决于多个因素，包括传感器的质量、环境条件和目标物体的特性。传感器的精确度可能受到温度、湿度和噪声等因素的影响。

⑥应用领域：超声波传感器广泛应用于测距、避障、物体检测和定位等领域。它在自动驾驶车辆、机器人导航、智能家居和工业自动化等应用中具有重要作用。

了解超声波传感器的基本原理、工作原理、传感器特性、数据输出、精度和应用领域，有助于开发者正确选择和应用传感器，并理解其在测距和检测方面的工作原理。

7.3　项目调研

市场上的智能消毒洗手液产品可以根据其感应方式和控制方式进行分类（表7-1）。感应式自动喷洒产品无须接触，适用于高流量场所，但需要复杂的维护。声控自动喷洒产品通过声音触发操作，便捷但语音识别不准确。应用程序控制产品可远程操作，但依赖网络连接且涉及隐私问题。定时自动喷洒产品简单可靠，适用于成本敏感场所，但不适用于特定情境。因此，选择合适的产品取决于用户需求和场景。

表7-1　竞品分析

分类	优点	缺点
感应式自动喷洒	•无接触操作，降低传染风险 •精确的消毒剂分配 •适用于高流量场所	•维护复杂，需要定期维护和校准 •电力和电池需求高
声控自动喷洒	•无接触操作，便捷的操作方式 •适用于特定情境	•语音识别不准确，可能导致误操作 •需要适量噪音触发
应用程序控制 自动喷洒	•可远程控制，方便远程操作 •个性化设置	•依赖网络连接，可能有操作延迟 •可能涉及隐私问题
定时自动喷洒	•简单可靠 •成本较低	•不适用于特定情境，可能浪费消毒剂 •适用性有限

所以在设计该产品过程中采用了多感应技术融合，在感应式自动喷洒产品中，整合多种感应技术（如超声波、红外线、光电等）以提高精度和稳定性，减少误触发。以及消毒剂节约，对于定时自动喷洒产品，设计消毒剂分配系统，根据实际需求分配消毒剂，减少浪费。

7.4 项目设计实践

7.4.1 草图推演

智能洗手液概念草图如图7-1所示。

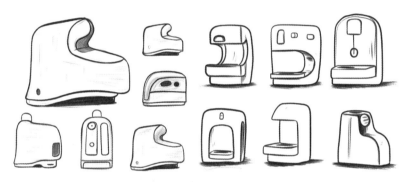

图7-1 智能洗手液概念草图

7.4.2 原型设计

本装置主要结构是将超声波测距模块与伺服电机相结合，通过超声波测距模块控制伺服电机旋转，从而带动铜丝，铜丝向下收缩，将洗手液头部向下按，完成一系列操作后，伺服电机回归原位（图7-2、图7-3）。

图7-2 智能洗手液结构图

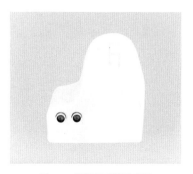

图7-3 智能洗手液外型图

7.4.3 材料清单

智能洗手液元器件清单如表7-2所示。

表7-2 智能洗手液元器件清单

模块	元器件/测试仪器	数量
自动消毒洗手液	超声波传感器	1个
	伺服电机（首选金属齿轮的）	1个
	0.8mm铜线（0.5m）	1个
	ESP-32	1个
	电池	1个
	外壳（3D打印件）	3个
	跳线（母头）	若干

7.4.4 接线设置及电路图

智能洗手液电路接线及原理如图所示（图7-4~图7-7）。

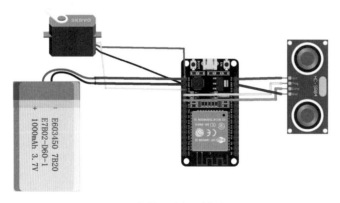

图7-4 智能洗手液电路接线图

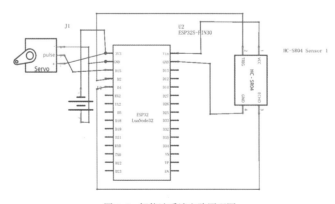

图7-5 智能洗手液电路原理图

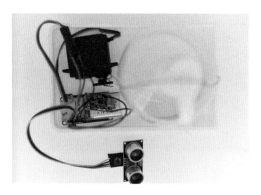

图7-6 智能洗手内部结构图

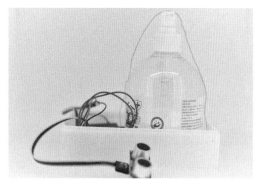

图7-7 智能洗手液结构图

7.4.5 相关代码

```
#include <Servo.h>

const int servoPin = 9;        // 定义伺服电机信号引脚
const int trigPin = 10;        // 定义超声波测距触发引脚
const int echoPin = 11;        // 定义超声波测距回声引脚

// 定义变量
long duration;                 // 超声波测距时间
int distance;                  // 距离
bool outputVIN = false;        // 标志变量，用于记录是否需要输出VIN引脚
bool rotateServo = false;      // 标志变量，用于记录是否需要旋转伺服电机
unsigned long lastTime;        // 记录上次执行动作的时间
unsigned long delayTime = 3000; // 动作的持续时间，这里设置为3秒

Servo myservo;                 // 创建伺服电机对象

void setup() {
  pinMode(trigPin, OUTPUT);    // 将触发引脚设置为输出
  pinMode(echoPin, INPUT);     // 将回声引脚设置为输入
  pinMode(servoPin, OUTPUT);   // 将伺服电机信号引脚设置为输出
  myservo.attach(servoPin);    // 将伺服电机连接到9号引脚并与伺服对象关联
  myservo.write(90);           // 将伺服电机初始位置设置为90度
  Serial.begin(9600);          // 开始串行通信
  lastTime = millis();         // 初始化上次执行动作的时间
}

void loop() {
```

```
// 计算时间间隔
unsigned long currentTime = millis();
unsigned long elapsedTime = currentTime - lastTime;


// 超过动作持续时间后，将标志变量复位
if (elapsedTime >= delayTime) {
  outputVIN = false;
  rotateServo = false;
}


// 超声波测距代码
digitalWrite(trigPin, LOW);
delayMicroseconds(2);
digitalWrite(trigPin, HIGH);
delayMicroseconds(10);
digitalWrite(trigPin, LOW);
duration = pulseIn(echoPin, HIGH);
distance = duration * 0.034 / 2;
Serial.print("Distance: ");
Serial.println(distance);


// 根据距离判断是否需要输出VIN引脚
if (distance < 10 && !outputVIN) {   // 检查距离是否小于10厘米且未输出VIN引脚
  outputVIN = true;   // 设置标志变量为真，表示需要输出VIN引脚
  analogWrite(servoPin, 255); // 将VIN引脚设置为高电平（通电）
  lastTime = millis(); // 记录动作开始的时间
}


// 伺服电机动作
if (distance < 10 && !rotateServo) {   // 检查距离是否小于10厘米且伺服电机未旋转
  rotateServo = true;   // 设置标志变量为真，表示需要旋转伺服电机
  lastTime = millis(); // 记录动作开始的时间
}


// 当动作时间超过3秒后，将标志变量复位
if (elapsedTime >= delayTime) {
  rotateServo = false;
  analogWrite(servoPin, 0); // 将VIN引脚设置为低电平（断电）
}


// 当标志变量为真时，将伺服电机旋转
if (rotateServo) {
  // 在这里你可以添加控制伺服电机旋转的代码
```

```
    // 这里不再设置旋转的角度，而是在旋转开始时记录时间，然后在动作时间内持续旋转
    // 当动作时间超过3秒后，会将标志变量复位，停止旋转
  }
}
```

7.5 效果展示

智能洗手液产品效果展示（图7-8、图7-9）。

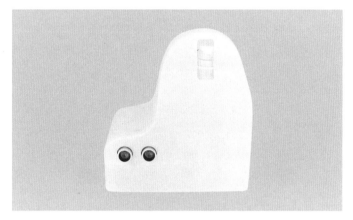

图7-8 智能洗手液实拍图

图7-9 智能洗手液场景使用图

第 8 章

"Hi!Buddy"
——桌面陪伴
情感机器人

8.1 项目概述

在现代社会中，人们的生活方式和工作环境发生了许多变化。快节奏的生活、高压的工作和学习使人们更容易感到孤独、焦虑和压力。面对这些精神负担，人们对情感支持和陪伴的需求日益增加。在过去的几年中，情感化设计逐渐引起了人们的关注。该理论旨在通过产品、服务或环境中融入情感元素，与用户建立深入的情感连接。

然而，情感化设计与技术的结合是该理论的进一步发展，它可以为用户创造更加丰富、有趣和个性化的体验，这种技术可以通过各种方式与使用者进行交互，例如语音交流、肢体动作、表情变化以及情感识别等，现有的一些智能助理和虚拟角色已经可以与用户进行情感化的互动，通过理解用户的情感并做出相应反应来提供情感支持。通过情感陪伴技术，人们能够获得一种支持和满足，提升心理健康和工作效率。综上背景，本设计的主要目的是开发一种能够陪伴和治愈使用者的产品，以满足现代人们在工作和学习中的情感需求。通过设计吸引人、可互动和具有情感表达的外观，吸引用户目光并引起他们的兴趣；同时引入人体红外感应模块和 OLED 显示屏技术，感知用户的存在和动作并做出相应的情感化反馈，从而增加用户的参与度和满意度。

8.2 设计理念

8.2.1 产品概念

该设计产品由两大部分组成：人体感应模块和显示模块，两者通过 Arduino 主板进行通讯。在人体感应模块中，采用了人体红外感应电子模块传感器。该传感器通过探测环境中的红外辐射变化来判断是否有人体经过。一旦有人体经过，人体红外感应模块会向 Arduino 主板发送信号。Arduino 主板是整个产品的核心控制部分。它接收来自红外传感器的信号，并进行数据处理和逻辑控制。一方面，当主板接收到红外信号表示有人体存在时，它会发送命令给显示模块，控制 OLED 显示屏显示开心的表情。另一方面，当红外信号表示无人体存在时，Arduino 主板会发送另一个命令给显示模块，控制 OLED 显示屏显示常态表情。

人体感应模块和显示模块整合，并通过 Arduino 主机进行数据处理和逻辑控制，实现实时检测人体存在并通过表情表达回应的产品概念。

8.2.2 设计概述

本设计旨在开发一款专为学生、上班族等年轻群体设计的桌面陪伴情感机器人。该机器人通过人体红外模块实时感应人体的存在，当有人经过时，机器人会显示开心的表情回应用户，以实现治愈和陪伴的目的，为用户提供一种温馨、愉悦的情感体验，缓解现代快节奏生活中的孤独和压力。本设计适用于多种办公、学习和居家场景，如图8-1所示是本产品的交互流程。

图8-1 产品交互流程

8.2.3 创新阐述

本产品是一款专为年轻群体设计的桌面陪伴机器人，旨在为年轻人提供情感支持和陪伴，实现精神治愈和与用户的情感互动。

设计者提供了一种通过感知人体进行反馈的交互解决方案，在产品的设计中，运用人体红外传感器技术，当有人体经过时，红外传感器实时感知到环境中的红外辐射变化，从而检测到人体的存在。通过 Arduino 主板的编程逻辑，机器人能够即时接收并处理传感器的信号，进行数据分析和逻辑判断。通过 OLED 显示屏作为交互界面，机器人将表情实时展示给用户，形成一种情感化的反馈。当机器人感知到人体存在时，它会以欢快的笑脸表情进行回应，为用户带来一种被理解、被关怀的感觉。而当无人体经过时，机器人则展示常态表情，以保持静谧的状态。

这种通过人体感应反馈实现表情切换的交互方式，使得陪伴机器人能够主动感知和回应用户的存在，增强了用户与机器人之间的情感连接。通过实时的情感互动，机器人为年轻群体提供了一种温馨、愉悦的陪伴体验，缓解了现代快节奏生活中的孤独和压力，提升了心理健康和幸福感。

8.2.4 知识点

（1）库的使用

Arduino本身只提供了一些基本的库和功能。要使用特定硬件设备或模块，如SSD1306 OLED显示屏，通常需要安装相应的库才能与之进行通信和控制。要使用库，首先需要在Arduino IDE中下载所需的库文件。具体步骤如下：打开Arduino IDE并点击菜单栏中的"工具"，然后选择"管理库"选项，搜索并安装需要的库。安装完成后，在代码中引用库的头文件，例如`#include <Wire.h>`，然后即可调用库中提供的函数和功能。

比如本案例中需要使用Adafruit的SSD1306库控制OLED显示屏，只需包含`#include <Adafruit_SSD1306.h>`，然后在`setup()`函数中初始化OLED显示屏对象，最后在`loop()`函数中调用库中的函数来控制显示屏。库提供了现成的函数和功能，它们可以在Arduino项目中应用，这样即可实现对各种硬件的控制。通过了解每个库的文档和函数参考，可以更深入地了解库的用法和特性。

（2）主文件和头文件的使用

当我们在Arduino项目中编写较大的程序或涉及多个功能模块时，将所有代码都写在一个文件里会使代码难以管理和维护。为了更好地组织代码并使其更可读和易于维护，可以使用主文件（主代码文件）和头文件（头代码文件）的组织方式。主文件是我们Arduino项目的主要代码文件。它通常包含setup()函数和loop()函数，是Arduino项目的入口点。主文件负责初始化硬件、设置全局变量、调用各种功能和控制循环运行。主文件的扩展名通常为.ino，例如main.ino。头文件是用于存放函数声明、宏定义、结构体和全局变量声明等的文件。它扩展了主文件的功能，使代码模块化和可重用。头文件的扩展名通常为.h，例如myfunctions.h。

在本设计中，我们使用了主文件（main.ino）和头文件（bitmaps.h）来实现在Arduino上显示图片的功能。图片的位图数据被放在了头文件中，然后通过主文件来调用这些位图数据并显示在OLED屏幕上。在头文件中包含了所需的库和声明了两个位图的数据，分别是开心表情（happy_bitmap）和常态表情（normal_bitmap）。在主文件中，我们首先引用头文件#include "bitmaps.h"，然后定义了两个用于显示图片的函数：drawHappyFace()和drawNormalFace()。通过这样的设计，可以在主文件中使用drawHappyFace()和drawNormalFace()函数来调用头文件中声明的位图数据，并在OLED显示屏上显示对应的表情。这样的设计使得代码更加模块化，让我们能够更轻松地管理位图数据和显示功能，并在项目中实现更多的功能扩展。

如表8-1所示，是本次设计所需要用到的主要元器件：

表8-1　本设计的主要元件

元件	芯片	电源	人体红外感应模块	OLED 显示屏
型号	ESP32	600mAh锂电池	HC-SR501	1.54寸四针SSD1309驱动
尺寸/mm	51.4 × 28.3	35 × 25 × 5.8	32 × 24 × 25	模组尺寸：42.4 × 38 显示区域：35.052 × 17.516 分辨率：128 × 64px
主要优势	功能强大，应用广泛，可以用于低功耗传感器网络要求高的任务	体积小，方便携带	采用LHI788探头设计、灵敏度高、可靠性强，低电压工作模式	可视角度大，功耗低，反应速度快，使用温度范围广，结构及制程简单
实物图片				

8.3　项目调研

8.3.1　人体感应技术调研

人体感应技术是一项应用广泛的感应技术，它通过检测人体产生的特定信号或物理特征，实现对人体的感应和检测。这类技术主要用于智能家居、安防系统、自动化控制、医疗设备等领域。通过感知人体的存在和动作，这项技术可以触发相应的操作或控制，从而实现更智能化和便捷的应用。

目前一些常见的人体感应设备如表8-2所示。

表8-2　常见的人体感应设备

类型	红外传感器	超声波传感器	雷达传感器	压电传感器	摄像头和图像识别技术	声音传感器
检测类型	人体存在和动作	测量距离	检测位置和动态	检测人体接近和触摸	检测和跟踪人体的位置和动作	检测人体声音活动
接收信号类型	红外热能	超声波回波时间	电磁波反射信号	物体的压力和形变	场景图像	声音的强弱和频率
应用	温度测量、人体检测、红外摄像等	测距、避障、无人机高度控制等	航空导航、天气预报、交通监控等	振动监测、压力测量、力传感	人脸识别、图像分析、自动驾驶、工业视觉等	声音录制、噪音监测、声控系统等

在本设计中，选择了人体红外感应传感器，并采用了HC-SR501型号的传感器（图8-2），主要因为它具有简单易用、快速响应、成本低廉和灵活可调等优点。人体红外感应传感器是一种非接触式传感器，无须与被检测对象接触，使用简便，非常适合桌

面陪伴情感机器人这样的小型项目。HC-SR501
传感器属于被动式红外传感器，一旦检测到人
体的红外辐射变化，会立即产生信号，使得情
感机器人能够快速感知用户的接近并及时做出
情感表情的变化。此外，HC-SR501传感器成
本较低，对于预算有限的项目非常实用。它还
可以根据实际需求调节感应范围和感应时间，
使其更灵活适应不同情感机器人的设计和功能

图8-2　HC-SR501传感器

要求。综合上述因素，HC-SR501红外传感器为情感机器人提供了稳定可靠的人体感应
功能，能够增强用户与机器人之间的互动体验。

8.3.2　显示设备调研

在Arduino编程环境中，常用的显示设备包括LCD显示屏、OLED显示屏、LED点
阵、7段LED数码管、TFT液晶屏和电子墨水显示屏等。这些显示设备能够在Arduino项
目中展示文本、数字、图形和动画等信息，提供丰富的交互性和可视化效果，满足不同
项目的需求。通过与Arduino连接，这些显示设备使得项目开发变得更加有趣和创意，
为用户带来更好的使用体验。根据项目要求和硬件支持，可以灵活选择适合的显示设备
来实现所需的显示功能。

目前一些常见的显示设备及其特点使用场合技术特点等区别对比如表8-3所示。

表8-3　常见的显示设备及其特点

类型	LCD显示屏	OLED显示屏	LED点阵	7段LED数码管	TFT液晶屏	电子墨水显示屏
特点	成本较低，适合文本和数字显示，简单控制，广泛应用	高对比度、快速响应、较低功耗，支持复杂图形和动画显示	由多个LED组成，能形成简单图像和字符显示	用于显示0到9的数字和一些字母，数字显示直观	彩色显示、适用于图形和动画显示，支持触摸屏	超低功耗，类似纸张阅读体验，适用于静态显示
使用场合	适用于需要显示简单文本和数字信息的场景，如温度计、计时器等	适用于需要高对比度和动画效果的场景，如手表、DIY项目等	适用于显示简单图案和字母，如表情符号、小型图标等	适用于显示简单数字，如计时器、计数器等	适用于需要彩色图像显示的场景，如游戏、GUI界面等	适用于需要长时间静态显示的场景，如电子书、信息显示牌等
技术特点	液晶分子定向控制光透过程度，常见接口为并行和I2C/SPI	使用有机发光二极管，常见接口为I2C/SPI	通过行列控制方式，常见接口为I2C/SPI	通过IO引脚控制显示内容	使用TFT技术，通常采用SPI接口	通过电场控制黑白颗粒排列实现显示

经过对上述常用显示设备的对比，最终选择了128×64的OLED显示屏作为桌面陪伴情感机器人的显示设备（如下图所示）。这是因为OLED显示屏具有高对比度和快速响应的特点，能够展示清晰易读的图像和文本，并支持复杂的图形和动画显示，为情感表达和用户互动提供了更多可能性。此外，OLED显示屏的功耗较低，适合电池供电的情感机器人项目，而其轻薄灵活的特性也使其适用于桌面设备。综合考虑了这些优势，我们认为128×64的OLED显示屏是最适合我们桌面陪伴情感机器人的理想选择，能够提供更好的用户体验和情感交互效果。

8.4 项目设计实践

8.4.1 草图推演

在设计桌面类情感陪伴产品的造型时，采用一系列设计思维来创造出令人喜爱和亲近的外观；通过可爱、亲切的形态和温暖的色彩，营造友好的氛围，引发用户的情感共鸣；同时，注入一些有趣的细节和个性化的特点，增加产品的趣味性和吸引力；通过姿态感应，与用户进行互动，形成人性化的互动设计，营造出陪伴和回应的感觉。综上所述，Hi! Buddy 的造型设计应注重情感需求、亲和力、趣味性和互动性，以创造出富有情感共鸣和陪伴力的产品形象。

初步确定 Hi! Buddy 的造型如图 8-3 所示。

图 8-3　Hi! Buddy 造型草图

8.4.2　原型设计

本桌面陪伴情感机器人的原型设计包括外观设计、电源与充电、功能设计。外观设计着重选择适宜的壳体材质和造型，确保机器人外观可爱、温馨，并巧妙地隐藏HC-SR501红外传感器。壳体材质选用塑料和橡胶，他们具有轻便、便于携带和触摸的特点；在造型方面，采用圆润的曲线和友好的表情图案设计（图8-4），增加亲和力和情感共鸣。同时要合理布置设备的位置，将OLED显示屏设置在机器人"面部"中间，方便显示情感表情和互动信息，开关和充电接口等元件布局在下方底座内部，将HC-SR501红外传感器安装在上方壳体内部、OLED显示屏上方，且壳体上开一个直径为1cm的孔洞，使其巧妙地隐藏在机器人外观中并不显眼但能准确感知用户的存在。另外，开关的位置隐藏在机器人后面，正常情况下不影响产品整体美观，且高度便于用户控制，方便日常使用。

图8-4　两种状态的表情设计

为了提供稳定的电源供应，将ESP32开发板、HC-SR501传感器和OLED显示屏等连接到电源供电模块。本次设计选择了600mAh的锂电池，确保电压和电流符合传感器和显示屏的要求。为了方便用户对电源进行充电，集成了充电模块，支持Type-C接口，用户可以通过常见的充电器或电脑USB端口进行充电。同时，在机器人底座侧面预留了充电接口，方便用户连接充电器，部件及壳体部分如图8-5所示。

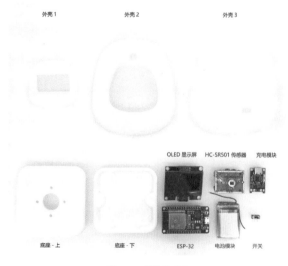

图8-5　部件及壳体

功能设计是桌面陪伴情感机器人的核心部分。使用Arduino编程语言，编写程序实现人体感应和情感表情的切换逻辑。当HC-SR501红外传感器检测到人体存在时，通过程序控制OLED显示屏切换至开心表情图片，持续2秒后恢复到常态表情图片。这样的设计可以增加机器人的情感交互性，让用户感受到被关心和陪伴的愉悦。

具体代码逻辑如图8-6所示。

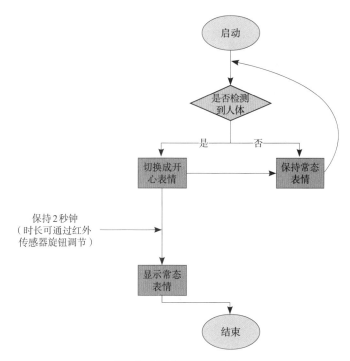

图8-6 本设计的交互逻辑图

8.4.3 材料清单

完成本项目所用到的元器件及其数量如表8-4所示。

表8-4 桌面陪伴情感机器人元器件清单

元器件/测试仪器	数量
HC-SR501传感器	1个
OLED显示屏	1个
ESP-32	1个
开关	1个
充电模块	1个
电池	1个
外壳（3D打印件）	3个
杜邦线	若干

8.4.4　接线设置及电路图

图8-7中黑色的接线为负极，红色的接线为正极。图8-8为电路原理图。

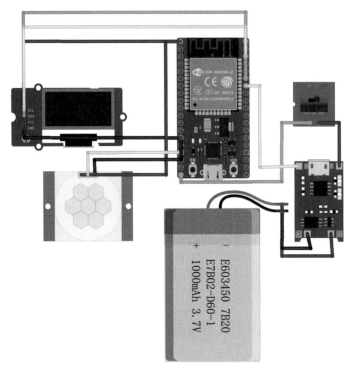

图8-7　桌面机器人电路接线图

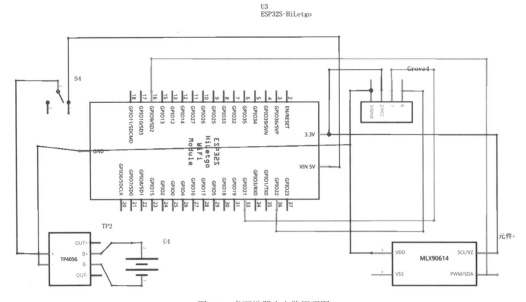

图8-8　桌面机器人电路原理图

8.4.5 相关代码

（1）主文件

```
#include <Wire.h>
#include <Adafruit_GFX.h>
#include <Adafruit_SSD1306.h>
#include "happy_bitmap.h"
#include "normal_bitmap.h"

#define SCREEN_WIDTH 128
#define SCREEN_HEIGHT 64
const int PIR_PIN = 2;

Adafruit_SSD1306 display(SCREEN_WIDTH, SCREEN_HEIGHT, &Wire, -1);

void setup() {
  Wire.begin();

  if (!display.begin(SSD1306_SWITCHCAPVCC, 0x3C)) {
    Serial.println(F("SSD1306 allocation failed"));
    for (;;);
  }

  display.clearDisplay();
  display.setTextColor(SSD1306_WHITE);
  display.setTextSize(3); // 调整文字大小

  pinMode(PIR_PIN, INPUT);
}

void drawHappyFace() {
  // 在这里实现显示开心表情的逻辑
  display.clearDisplay();
  // 从 happyBitmap 数组中获取位图数据并显示在屏幕上
   display.drawBitmap(0, 0, happyBitmap, SCREEN_WIDTH, SCREEN_HEIGHT,
SSD1306_WHITE);
  display.display();
}

void drawNormalFace() {
  // 在这里实现显示常态表情的逻辑
  display.clearDisplay();
```

```
    // 从 normalBitmap 数组中获取位图数据并显示在屏幕上
    display.drawBitmap(0, 0, normalBitmap, SCREEN_WIDTH, SCREEN_HEIGHT,
SSD1306_WHITE);
    display.display();
}


void loop() {
  int motionDetected = digitalRead(PIR_PIN);

  if (motionDetected == HIGH) {
    drawHappyFace();   // 调用显示开心表情的函数
  } else {
    drawNormalFace(); // 调用显示常态表情的函数
  }
}
```

（2）开心表情头文件

```
#ifndef HAPPY_BITMAP_H
#define HAPPY_BITMAP_H

// 开心表情的位图数据
const unsigned char happyBitmap[] = {
  // 位图数据（这里填入开心表情的位图数据）
  0xff, 0xff, 0xff, 0xff,……

};

#endif // HAPPY_BITMAP_H
```

（3）常态表情头文件

```
#ifndef NORMAL_BITMAP_H
#define NORMAL_BITMAP_H

// 常态表情的位图数据
const unsigned char normalBitmap[] = {
  // 位图数据（这里填入常态表情的位图数据）
0xff, 0xff, 0xff, 0xff,……
};

#endif // NORMAL_BITMAP_H
```

8.5　效果展示

桌面机器人内部接线如图8-9、图8-10所示。

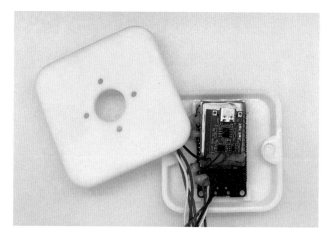

图8-9　底座内部接线图

图8-10　机身内部接线图

桌面机器人实拍效果如图8-11所示。

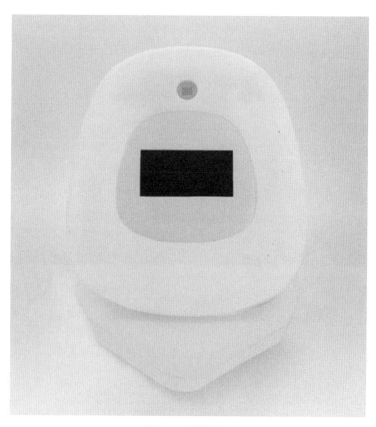

图8-11　实物拍摄图

桌面机器人表情切换效果如图8-12所示。

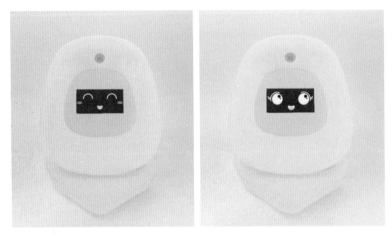

图8-12　表情切换图

桌面机器人使用场景如图8-13所示。

图8-13　场景效果图

第 9 章

"生命卫士"
——CPR
急救设备

9.1 项目概述

心源性猝死（sudden cardiac death，SCD）是一种对人类有巨大威胁的心血管疾病，全世界每年有超过350万人死于心脏骤停，其中80%为院外心脏骤停（out-of-hospital cardiac arrest，OHCA），OHCA病发非常迅速，病发地点可能是任何环境。在医护人员到达前实施高质量的心肺复苏（cardiopulmonary resuscitation，CPR）是OHCA患者存活的关键因素之一。如图9-1所示，CPR动作主要由胸部按压和人工呼

图9-1 CPR动作示意图

吸组成，有充分证据表明，胸部按压（chest compression，CC）的质量是CPR能否奏效的决定性因素之一。

然而，相关研究表明，CPR技能在OHCA环境中的应用率及抢救率面临巨大挑战。在关于OHCA的抢救质量报告中，发现施救者的CPR数据表现普遍处于次优水平。其主要原因是传统CPR步骤繁杂、难以记忆，量化标准难以掌控，即便是对于医务人员来说，在长时间的 CPR 过程中保持高质量也是非常困难的。而且OHCA病发后的第一发现者和施救者往往是非专业人士，由于非专业人士与CPR专家知识存在更大的隔阂，致使目前OHCA抢救效果不佳。综上所述，本次设计是针对普通民众提供一种简单的CPR急救引导装置，旨在帮助无CPR经验的普通民众对心脏骤停患者进行心肺复苏急救，借助穿戴设备的传感器，对施救者的动作进行检测，并通过LED灯、语音播报等视听方式给予修正反馈，为施救者提供施救流程引导，增加施救信心，挽回更多家庭的生命。

9.2 设计理念

9.2.1 产品概念

如图9-2所示，本设计的产品分为急救衣和视听集成终端两部分，两者通信基于WiFi-MESH网络，实现多传感器数据长时间无线传输。产品的使用方式与AED的使用

方式相似，施救者首先需要将急救衣佩戴在患者身上，其次打开视听集成终端，并按照其提示进行 CPR 急救。在施救过程中，急救衣内部的薄膜压力传感器会收集施救者的按压数据，并通过 WiFi-MESH 网络发送至视听集成终端的控制芯片中，并通过判断按压的力度，让 LED 灯圈根据施救压力的大小而产生变化，同时若施救者的按压不符合规范，视听集成终端也会提示施救者进行调整，引导施救者完成高质量的 CPR 急救动作。图 9-3 为本次产品的原型模拟。

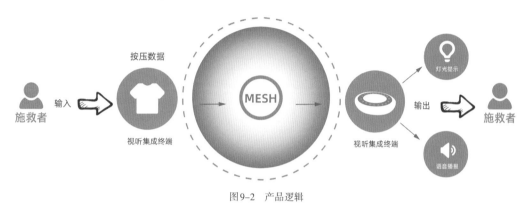

图9-2　产品逻辑

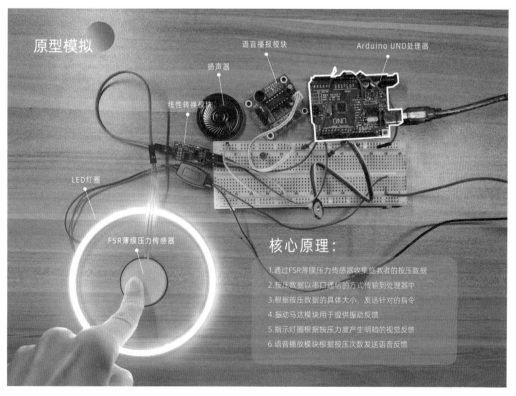

图9-3　产品原型模拟

9.2.2 设计概述

本产品的设计目的在于为非专业的普通民众提供一种CPR急救引导装置。遇到突发性的院外心脏骤停患者时，迅速采取行动是至关重要的，因为每一秒钟都对患者的生存机会至关重要，越早实施CPR急救，患者被抢救成功的概率就越大。本产品的使用场景主要是公共场所，如图9-4所示，为使用本产品的施救步骤。

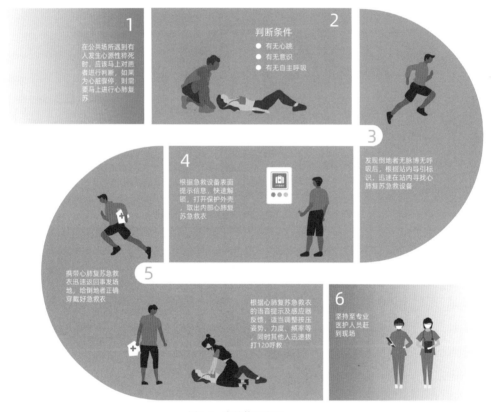

图9-4　产品使用流程

9.2.3 创新阐述

急救衣的穿戴采用了一种全新的、快速胸部定位的穿戴方式，旨在帮助非专业人士掌握正确的胸部按压位置。

我们提供了一种通过多感官反馈来引导CPR施救的解决方案，借助智能交互技术帮助施救者构建对胸部按压频率、时间、深度的暂时性认知，提升CPR动作质量。设备携带微型传感器和单片机，采用了基于Arduino平台开发的程序，对CPR动作进行数据采集和反馈，其中涉及四个方面的专业知识：按压深度检测和转换、压力采集、数据传输和视听反馈。基于此，本设计的创新之处主要有如下两点。

1.胸外按压位置的快速定位方式

在传统 CPR 施救过程中，施救者需要解开患者的衣物，这是为了通过胸部两乳头之间的连线来判断胸外按压的具体位置，这一点在许多 AED 除颤仪的设计中有被考虑到，会在其工具包中配备上剪刀或者裁衣工具，但如果在冬天，患者的衣物较厚实，解开衣物的操作是非常不方便的，会延误抢救的时间。

在不解开患者衣物的情况下如何对患者胸外按压位置进行快速定位这一问题上，本设计提供了一种可以快速判断施救者胸外按压位置的方式，该方式是基于人机工程学所设计，胸外按压位置的最科学的定义是胸骨中下段三分之一处，这是外科手术医生的判断方式，但为了方便民众记忆，就采用了两乳头连线的中点来作为判断依据，但这种方式存在上述问题，而且对于老年群体也不适用，尤其老年女性群体大多会有皮肤松弛、乳房下垂的特征，会导致按压位置会向下偏移，从而影响整个胸外按压的质量。

人与人的身体尺寸存在差异，但每个人胸骨与手臂、腋下的相对位置和比例是无差异的，这可以通过人机工程学的身体尺寸推算，本设计通过患者腋下位置作为基准点，通过固定绑带将患者上臂固定住，与此同时 CPR 按压位置便定位到胸骨中下三分之一处。

如图 9-5 所示，急救衣的使用分为四步。首先将急救衣覆盖于患者胸部；其次按压区域定位，将绑带绕过患者的上臂，从急救衣的金属气眼中穿出；然后按压位置校正和手臂固定，将绑带的上端置于患者腋下，用力收紧绑带的两端；最后穿戴完成。值得一提的是，该急救衣为施救者提供了一种胸部按压区域定位方式。尽管不同患者的体型存在较大差异，但其腋下与胸部的相对位置是是固定的。经过测试发现，将急救衣绑带两端包裹住患者的上臂，绑带最顶端顶住患者腋下时，急救衣的按压区域即是 CPR 最佳按压区域。

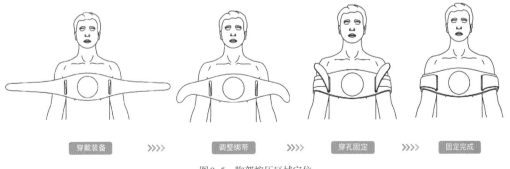

穿戴装备　　》》》》　　调整绑带　　》》》》　　穿孔固定　　》》》》　　固定完成

图 9-5 胸部按压区域定位

对可穿戴设备的人机工程学分析需要结合物理功能、工作环境、心理需求、工作需求四个方面，以人为本。本设计的心肺复苏急救设备属于公共急救装置，需要考虑到大多数人的生理尺寸，所以选用第95百分位数值，可允许大多数人正常使用；施救过程中涉及胸围、胸宽、臂围、最大肩宽四个人体尺寸，其中具体数据如下：考虑到冬季服饰厚度的影响，需要在人体静态尺寸上增加3~5cm服饰修正量。

2.基于视听反馈的交互模式

在胸外按压中，无急救经验的施救者常常很难把控好按压频率、按压力度、按压时限这几个关键指标，结合现有技术，本设计提供了一种基于视听反馈的交互模式。如图9-6所示，施救者为患者穿戴好CPR急救辅助装备后，装备内置的FSR薄膜压力传感器可以检测到施救者的按压力度、频率等数据，并通过BLE蓝牙传输给中心芯片，芯片按照预定的程序，会对数据进行判断并发送对应的指令，其中壳体内的LED灯圈会根据按压力度的大小而产生明暗的变化，同时语音播报会播放语音提示，引导施救者进行下一步操作或者调整当前的操作。

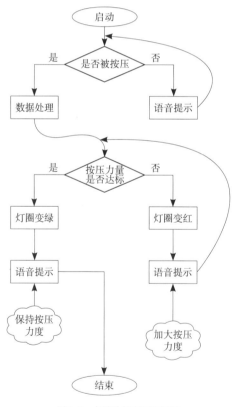

图9-6 本设计的交互逻辑图

9.2.4 知识点

具体涉及三个方面的专业知识：压力采集与数字化、无线数据传输和视听交互。

①压力采集与数字化需要用到薄膜压力传感器（force sensing resistor，FSR），FSR 传感器是一种重量轻，体积小，感测精度高的电阻式压力传感器。这种传感器是将施加在 FSR 传感器薄膜区域的压力转换成电阻值的变化，从而获得压力信息，压力越大，电阻越低。

②无线传输传输采用的是 ESP-MESH 网络，这是一套建立在 WiFi 协议之上的网络协议。ESP-MESH 允许分布在大范围区域内（室内和室外）的大量设备（节点）在同一个无线局域网（WLAN）中相互连接。ESP-MESH 具有自组网和自修复的特性，也就是说 MESH 网络可以自主地构建和维护。值得注意的是，ESP-MESH 与传统 WiFi 网络的不同之处在于：网络中的节点不需要连接到中心节点，而是可以与相邻节点连接。各节点均负责相连节点的数据中继。

③视听交互需要使用 MP3 模块和 LED 灯圈。通过 SD 卡将语音包下载至 MP3 模块内，在特定条件下可以触发语音提示，如未正确按压、按压力量不足等。LED 灯圈则是在接受到施救者的按压信息后做出相应的变化，当按压力量不足时，LED 灯圈会闪烁较为微弱的绿光，按压力量越大，则灯光亮度越大。

如表 9-1 所示，是本次设计所需要用到主要元件。

表9-1 本设计的主要元件

元件	芯片	电源	压力传感器	语音播报模块	LED 环形灯带
型号	ESP32	1000mAh 锂电池	薄膜压力传感器	DY-SV17芯片	WS2812 全彩驱动
成本	38元	7元	28元	10.8元	25元
尺寸/mm	52×67	50×34	12×3.4	35×28.7×0.5	外径70，内径60
主要优势	价格便宜，适用性高，适合前期原型制作	体积小，方便携带	厚度小，不会对施救者按压产生影响	可支持多种语言智能播报	支持RGB全彩颜色变换
实物图片					

9.3 项目调研

CPR 急救术包括了胸外按压、开放气道、人工呼吸，其中最为关键的胸外按压环节，直接决定了心脏骤停患者的抢救率，但高质量的徒手胸外按压是非常消耗体力的，并且有着严格的按压深度要求，胸部下陷需要达到 5~6cm，按压速率需要达到 100~120

次每分钟。因此出现了涉及机械结构的CPR反馈设备来帮助人们进行CPR急救。

如表9-2所示，经过对国内外的CPR反馈设备的调研，目前主流的CPR反馈设备有两种，一种是与自动体外除颤仪（automated external defibrillator，AED）结合的反馈设备，另一种是独立的CPR反馈设备。除此之外，还有与智能手机程序（App）、虚拟现实（virtual reality，VR）技术的CPR设备、增强现实（augmented reality，AR）技术结合的CPR辅助设备等。

表9-2　竞品分析

类型	机械CPR设备	视听反馈设备	手机	VR/AR
优点	自动化程度高，有效解决了传统CPR过程中施救者体力不支的问题	携带方便，价格便宜；技术原理简单，开发成本低；启动延迟低	用户群体基数大，使用频率高	体验感独特，学习效果好
缺点	价格昂贵、体积大、操作复杂，作业环境要求高	精准度比机械CPR设备差；市场上的质量层次不齐	精度差；手感不佳；对手机质量、网络速度、软件质量、施救者对手机的掌握熟练度有较高要求	设备要求高；难以在院外使用
照片				

半自动化心肺复苏施救装置通常与AED除颤仪结合，这种类型的装置需要施救者进行手动操作，按照指示将贴片贴到患者的身体部位。该类型设备体积小，便于投放在公共场所，同时设备携带了生命体征检测、AED电击除颤、按压检测等多种功能，更加适合院外的心肺复苏施救，其中经典产品有美国卓尔医疗公司（ZOLL）推出的AED plus，但目前为止，该类型的设备典型场景是医院或者救护车内搭载，为专业医护队使用，并未在无CPR经验的普通民众中普及，其原因有两个。第一，该设备对于无施救经验的普通民众来说，操作难度大，引导性不强，无法有效掌握好该设备的操作；第二，价格昂贵（图9-7），产品难以大面积推广。

在概念设计方面也出现了一些

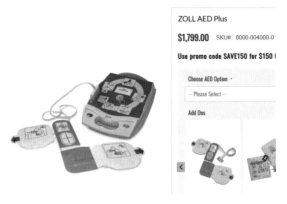

图9-7　卓尔医疗公司推出的带有CPR指导功能的AED Plus

与 AED 除颤仪结合的设计（图9-8、图9-9），但经过分析可以发现这种方式并不符合人机工程学，产品的外壳在高强度的心肺复苏施救过程中，不但起不到辅助作用，反而会耽误施救者的操作，装置外壳的形变会损耗施救者的部分能量，而人工心肺复苏施救过程是极其消耗体力的，设备缺少固定装置，在按压时设备的移动会对施救产生影响。

图9-8　CPR与AED功能结合的概念设计　　　　图9-9　CPR与AED功能结合的概念设计

　　独立的CPR反馈装置主要是对无经验施救者进行功能引导，并提供信息反馈，包括对患者的生命体征进行实时评估、语音引导、按压检测等，这种单纯的CPR反馈装置，便于携带，操作难度低，且生产成本低便于推广，其典型场景是家庭环境和公共空间。其中，视听反馈（audio-visual feedback，AVF）是CPR反馈设备领域主要的交互形式。AVF设备具有交互效果直观、技术难度低、生产成本小的优势，适合公共场所的大面积推广。

　　早期人们通过提前录制的音频来引导施救者胸外按压，在目前装置多样化的今天，这种方向的设备仍然被众多学者关注，并逐渐衍生出以音乐、游戏为结合点的新型辅助设备，其中美国卓尔医疗公司就曾经推出过一款针对家庭急救的CPR反馈装置POCKET CPR（图9-10），这个设备非常便携，可以整个随身放在口袋中，出现紧急情况时，可快速将其置于手掌下，对患者胸部进行按压，其中内置有三轴加速度计，可以检测胸外按压时的按压质量，并对施救者提供语音提示，这一点对于没有施救经验的目标人群是非常友好的，可以给予引导和信心。但该设备也存在缺点，在按压过程中，设备会对施救者的手腕带来明显疲惫感甚至韧带损伤，这是由于缺少对CPR施救流程的人机工程学分析。除此之外，也有不少关于CPR辅助设备的概念设计，如图9-11所示。

　　目前，独立的CPR反馈装置是针对院外心肺复苏施救可行性最高的，可以灵活运用各种户外场所，包括车站公共空间，因此本设计将重点研究独立的CPR反馈设备与可穿戴设备的结合。

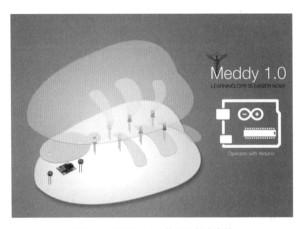

图 9-10　POCKET CPR
产品实物图

图 9-11　基于 Arduino 的 CPR 概念产品

9.4　项目设计实践

9.4.1　草图推演

图 9-12 和图 9-13 展示了本次设计针对视听集成终端和急救衣本体进行的草图推演。

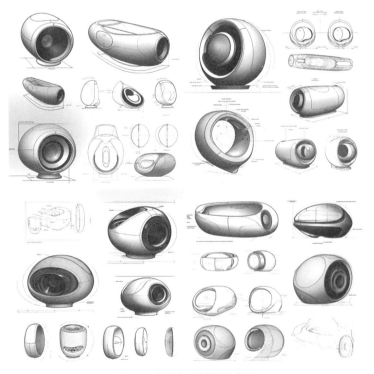

图 9-12　视听集成终端概念草图

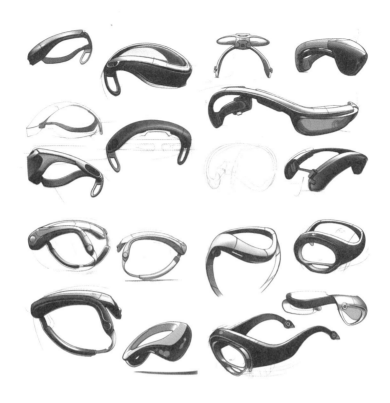

图9-13　急救衣概念草图

9.4.2　原型设计

本设计的产品包括两部分，分别是急救衣主体和视听集成终端。急救衣主体部分考虑到CPR施救需要剧烈运动，因此在CPR急救辅助设备的设计上，需要考虑如何对患者进行固定，并且需要保证按压位置可以快速定位到患者的胸骨中下三分之一处，因此本设计提供了一种双臂固定结构，CPR急救辅助设备提供有两条绑带，绑带的造型近似于流线型，中间粗两端细，并且在中心按压区的两侧有两道切口，其中采用了空心铆钉进行封边，两端的绑带包裹住患者的手臂后，从空心铆钉中穿过，绑带通过魔术贴来固定。急救衣的尺寸是根据人机工程学第95百分位的人群尺寸推算而得，其中胸部的按压区域的宽度为32cm，符合绝大部分人群的胸宽尺寸，绑带部分至空心铆钉的距离为45cm，是根据人体上臂臂围数据与冬天服装尺寸修正而得。急救衣的外表材料使用了黑色PU面料，内部使用了4mm厚度的复合海绵，背部使用了三明治网眼布料。内部原型通过导电缝纫线进行电路排布，其中，主要结构分为了充电模块、锂电池、ESP32芯片、压力转换模块、FSR压力传感器五个部件。其中，图9-14展示了本产品的原型设计，图9-15展示了急救衣内部结构图，图9-16展示了缝制急救衣的过程。

图9-14 基于纸模的产品原型

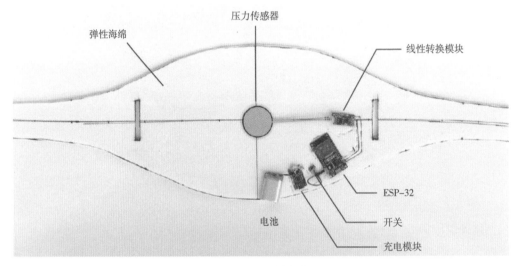

弹性海绵
压力传感器
线性转换模块
ESP-32
电池
开关
充电模块

图9-15 急救衣内部结构图

如图9-17所示，视听集成终端的主要硬件电路有ESP-32芯片、充电模块、锂电池、语音播报模块、LED灯圈、扬声器。ESP-32芯片负责接收来自急救衣的数据，根据施救者的CC深度提供语音播报和灯光反馈。语音播报芯片内设置有几种语音播报状态。当监测到未受到胸部按压时，MP3模块会播放指定的语音包，提示施救者及时提供胸部按压。当患者按压力量不

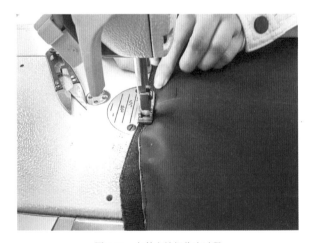

图9-16 急救衣缝纫收边过程

足时，MP3模块会播放指定的语音包，指导施救者加大按压力量。如图9-18所示，视听集成终端的LED灯圈随CC深度增加而变亮，达到规定深度后，灯光会达到全亮状态。施救者若没有开始按压或者按压位置不正确，灯光则会出现醒目的红色，提示施救者需要及时开始按压或者调整按压姿势。

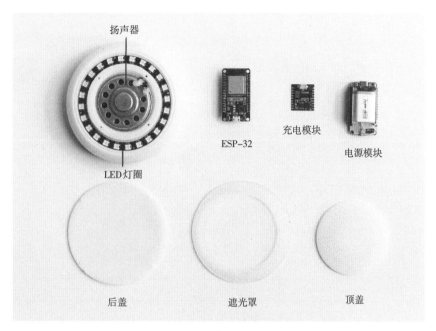

图9-17 视听集成终端结构图

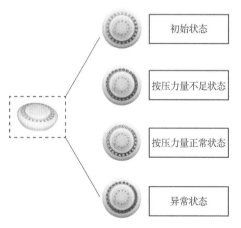

图9-18 视听集成终端状态图

9.4.3 材料清单

完成本项目所用到的元器件及其数量如表9-3所示。

表9-3　CPR急救设备元器件清单

模块	元器件/测试仪器	数量
视听集成终端	扬声器	1个
	LED灯圈	1个
	扬声器	1个
	ESP-32	1个
	开关	1个
	充电模块	1个
	电池	1个
	外壳（3D打印件）	3个
	杜邦线	若干
急救衣	ESP-32	1个
	线性转换模块	1个
	压力传感器	1个
	开关	1个
	电池	1个
	充电模块	1个
	导电缝纫线	1卷

9.4.4　接线设置及电路图

①急救衣接线图：图9-19中黑色的接线为负极，红色的接线为正极。图9-20为急救衣电路原理图。

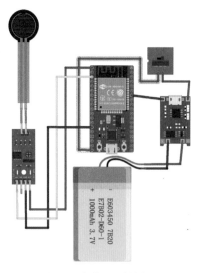

图9-19　急救衣电路接线图

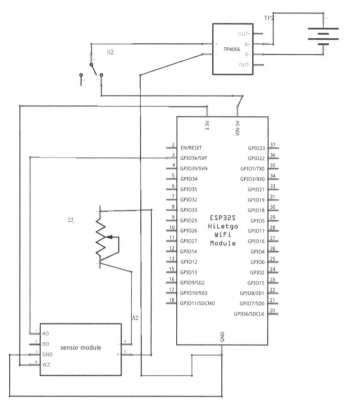

图9-20 急救衣电路原理图

②视听集成终端接线图：图9-21中黑色的接线为负极，红色的接线为正极。图9-22为视听集成终端电路原理图。

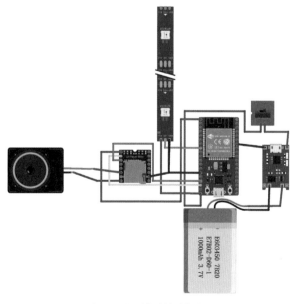

图9-21 视听集成终端接线图

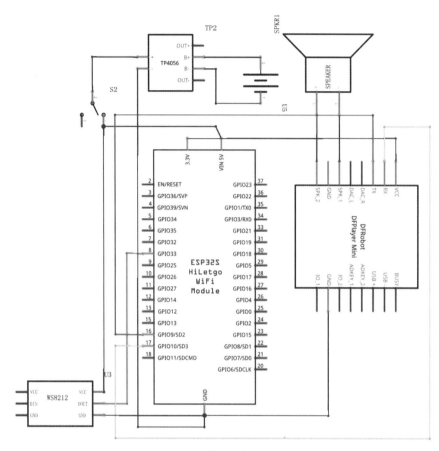

图9-22 视听集成终端电路原理图

9.4.5 相关代码❶

（1）急救衣

```
#include "painlessMESH.h" // 导入库文件


#define    MESH_PREFIX      "HONERR-MESH" // 网络名称（随意设置，只要保持两个设备一致即可）
#define    MESH_PASSWORD    "123456798" // 网络密码（随意设置，只要保持两个设备一致即可）


#define    MESH_PORT        5555// 网络端口（随意设置，只要保持两个设备一致即可）


// 压力传感器部分
#include <Arduino.h>
```

❶ 本次设计中的相关代码使用了第三方库文件，在此做特殊说明：painlessMesh 是一个第三方库，用于处理使用 esp8266 和 esp32 硬件创建简单网状网络的细节，目标是允许程序员使用网状网络。而不必担心网络的结构 或管理方式；Adafruit NeoPixel 库是用于控制基于单线的 LED 像素和灯条的 Arduino 库。

```
#define DEBUGSerial Serial
int sensorPin = 36;     // 定义传感器的引脚
int value2 = 0; // 存储压力值的变量
// 最小量程 根据具体型号对应手册获取，单位是 g，这里以 RP-18.3-ST 型号为例，最小量程是 20g
#define PRESS_MIN 50
// 最大量程 根据具体型号对应手册获取，单位是 g，这里以 RP-18.3-ST 型号为例，最大量程是 6kg
#define PRESS_MAX 40000
#define VOLTAGE_MIN 100
#define VOLTAGE_MAX 3300

Scheduler userScheduler; // 实例化一个任务管理器，用来控制您的个人任务
painlessMESH  MESH;

void sendMessage() ; //  负责向其他设备发送信息
Task taskSendMessage( TASK_SECOND * 1 , TASK_FOREVER, &sendMessage );

void sendMessage() {
  // 压力传感器
  long Fdata = getPressValue(sensorPin);
  value2 = analogRead(sensorPin);
  value2 = map(value2, 0, 1023, 0, 255);
  value2 = constrain(value2, 0, 255);
  String msg = String(value2); // 要发送的内容
  MESH.sendBroadcast( msg);
}

// 压力传感器
long getPressValue(int pin)
{
  long PRESS_AO = 0;
  int VOLTAGE_AO = 0;
  int value = analogRead(pin);

  VOLTAGE_AO = map(value, 0, 1023, 0, 3000);

  if (VOLTAGE_AO < VOLTAGE_MIN)
  {
    PRESS_AO = 0;
  }
  else if (VOLTAGE_AO > VOLTAGE_MAX)
  {
    PRESS_AO = PRESS_MAX;
  }
```

```
    else
    {
      PRESS_AO = map(VOLTAGE_AO, VOLTAGE_MIN, VOLTAGE_MAX, PRESS_MIN, PRESS_MAX);
    }


    return PRESS_AO;
}

void nodeTimeAdjustedCallback(int32_t offset) {
  Serial.printf("Adjusted time %u. Offset = %d\n", mesh.getNodeTime(), offset);
}


void setup() {
  Serial.begin(115200);
  MESH.setDebugMsgTypes( ERROR | STARTUP );  // 在 init() 之前设置, 以便查看启动信息

  MESH.init( MESH_PREFIX, MESH_PASSWORD, &userScheduler, MESH_PORT );
  MESH.onNodeTimeAdjusted(&nodeTimeAdjustedCallback);

  userScheduler.addTask( taskSendMessage );
  taskSendMessage.enable();
}


void loop() {
  MESH.update();// 持续运行用户调度程序

}
```

（2）视听集成终端

```
#include "painlessMESH.h"

#define MESH_PREFIX "HONERR-MESH"
#define MESH_PASSWORD "123456798"
#define MESH_PORT 5555

#include "DFRobotDFPlayerMini.h"
#include "SoftwareSerial.h"
#include <arduino.h>
SoftwareSerial mySoftwareSerial(3, 1);  // 软串口 RX、TX
DFRobotDFPlayerMini myDFPlayer;           // 声明一个新的对象

int value2;  // 存储压力 int 数据
```

```
//ws2812 部分
#include <Adafruit_NeoPixel.h>
#ifdef __AVR__
#include <avr/power.h>
#endif
#define PIN 33          // LED 灯圈数据引脚
#define NUMPIXELS 24    // 灯珠数量
Adafruit_NeoPixel pixels(NUMPIXELS, PIN, NEO_GRB + NEO_KHZ800);

Scheduler userScheduler;   // 控制您的个人任务
painlessMESH MESH;
void sendMessage();
Task taskSendMessage(TASK_SECOND * 1, TASK_FOREVER, &sendMessage);

void sendMessage() {
  String msg = "Message from node LED";
  MESH.sendBroadcast(msg);
}


void receivedCallback(uint32_t from, String &msg) {
  Serial.printf("startHere: Received from %u msg=%s\n", from, msg.c_str());

  value2 = msg.toInt();   // 将压力数据转换成 int 格式
  pixels.clear();         // 将所有像素颜色设置为 " 关闭
  if (value2 == 0) {
    myDFPlayer.play(1);   // 播放文件夹里名为 0001.mp3 的音乐

    for (int i = 0; i < NUMPIXELS; i++) {  // 遍历所有像素
      // pixels.Color() 使用 RGB 色彩，其取值范围从 0,0,0 到 255,255,255
      pixels.setPixelColor(i, pixels.Color(value2 / 2, 0, 0));
      pixels.show();   // 将更新后的像素颜色发送到硬件。
    delay(0.1);        // 下一次通过循环前暂停
    }

  } else if (value2 >= 0 && value2 <= 100) {
    myDFPlayer.play(2);   // 播放文件夹里名为 0002.mp3 的音乐

    for (int i = 0; i < NUMPIXELS; i++) {
      pixels.setPixelColor(i, pixels.Color(0, value2 / 2, 0));
      pixels.show();
      delay(0.1);
    }
  } else {
```

```
    myDFPlayer.play(3);   //播放文件夹里名为0003.mp3的音乐
        for (int i = 0; i < NUMPIXELS; i++) {
        pixels.setPixelColor(i, pixels.Color(0, value2 , 0));
        pixels.show();
        delay(0.1);
    }
  }


  delay(100);
}


void newConnectionCallback(uint32_t nodeId) {
  Serial.printf("--> startHere: New Connection, nodeId = %u\n", nodeId);
}


void changedConnectionCallback() {
  Serial.printf("Changed connections\n");
}


void nodeTimeAdjustedCallback(int32_t offset) {
  Serial.printf("Adjusted time %u. Offset = %d\n", MESH.getNodeTime(), offset);
}


void setup() {
  Serial.begin(115200);


  //ws2812部分
#if defined(__AVR_ATtiny85__) && (F_CPU == 16000000)
  clock_prescale_set(clock_div_1);
#endif
  // END of Trinket-specific code.
  pixels.begin();  // INITIALIZE NeoPixel strip object (REQUIRED)


  myDFPlayer.begin(mySoftwareSerial);
  myDFPlayer.volume(20);   //音量设定为20


  MESH.setDebugMsgTypes(ERROR | STARTUP);  // set before init() so that you
                                           can see startup messages


  MESH.init(MESH_PREFIX, MESH_PASSWORD, &userScheduler, MESH_PORT);
  MESH.onReceive(&receivedCallback);
  //mesh.onReceive(&receivedCallback2);
  MESH.onNewConnection(&newConnectionCallback);
```

```
    MESH.onChangedConnections(&changedConnectionCallback);
    MESH.onNodeTimeAdjusted(&nodeTimeAdjustedCallback);

    userScheduler.addTask(taskSendMessage);
    taskSendMessage.enable();
}

void loop() {
    // it will run the user scheduler as well
    mesh.update();
}
```

9.5 效果展示

图 9-23 为急救衣实拍图；图 9-24、图 9-25 视听集成终端实拍图；图 9-26、图 9-27 为产品使用场景图。

图 9-23 急救衣实拍图

图 9-24 视听集成终端实拍图（1） 图 9-25 视听集成终端实拍图（2）

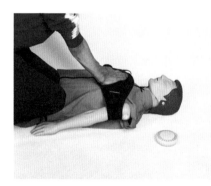
图 9-26 产品使用场景图（1）

图 9-27 产品使用场景图（2）